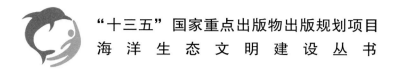
"十三五"国家重点出版物出版规划项目

海 洋 生 态 文 明 建 设 丛 书

海岸带陆海统筹空间规划
理论方法与实践

张志锋　索安宁　许　妍　等著

海洋出版社

2020 年 · 北京

图书在版编目（CIP）数据

海岸带陆海统筹空间规划理论方法与实践／张志锋
等著．—北京：海洋出版社，2020.8
ISBN 978-7-5210-0597-4

Ⅰ.①海… Ⅱ.①张… Ⅲ.①海岸带-空间规划-研
究-宁波 Ⅳ.①TU984.255.3

中国版本图书馆 CIP 数据核字（2020）第 150700 号

策划编辑：白　燕
责任编辑：赵　娟
责任印制：赵麟苏

海洋出版社　出版发行

http：//www.oceanpress.com.cn

北京市海淀区大慧寺路 8 号　邮编：100081
北京新华印刷有限公司印刷　新华书店发行所经销
2020 年 8 月第 1 版　2020 年 8 月北京第 1 次印刷
开本：889mm×1194mm　1/16　印张：13.75
字数：310 千字　定价：120.00 元
发行部：62147016　邮购部：68038093　总编室：62114335
海洋版图书印、装错误可随时退换

《海岸带陆海统筹空间规划理论方法与实践》

撰写人员(按姓氏笔画排序):

卫宝泉　王余养　刘大海　张　云

许　妍　张志锋　杨正先　赵　昂

索安宁　蒋金龙　章仲楚　梁雅惠

前　言

进入 21 世纪以来，陆海关系逐渐变得复杂，全球资源紧缺、人口膨胀、环境恶化问题日益严重，陆域经济的发展受到限制，海洋经济越来越受到重视，海洋产业体系逐渐拓展。通过对海洋产业、海洋经济、海洋环境污染、生态破坏等的深层次分析来看，只是单纯制定海上的规划与防护措施是无法根本解决问题的，必须实施陆上与海上的双层次治理与防护，实施陆海联动，采用统筹规划的方式，才能根本有效地解决海洋环境污染与生态破坏的问题。陆海统筹作为一种重要的可持续发展理念，是国家对陆地和海洋发展的统一筹划，统一谋划海洋及陆地国土空间保护与利用格局，实施宏观、中观和微观多层次调控，突出国家层面的陆海国土宏观发展格局的构建、沿海地带层面的空间发展格局的塑造、海岸带资源开发和产业布局的优化以及海域开发布局的调整。

2013 年《中共中央关于全面深化改革若干重大问题的决定》提出全面建立空间规划体系，划定生产、生活、生态开发管制边界，落实用途管制；同时还提出完善自然资源监管体制，统一行使国土空间用途管制职责。2015 年《生态文明体制改革总体方案》明确提出构建以空间规划为基础，以用途管制为主要手段的国土空间开发保护制度。2017 年 8 月，中央全面深化改革领导小组第三十八次会议通过的《关于完善主体功能区战略和制度的若干意见》，提出"坚持陆海空间的战略取向，准确把握陆域和海域空间治理的整体性和独特性，重视以海定陆，促进陆海一体化发展和保护"。2018 年 11 月，《中共中央国务院关于建立更加有效的区域协调发展新机制的意见》明确提出要推动陆海统筹发展，以规划为引领，促进陆海在空间布局、产业发展、基础设施建设、资源开发、环境保护等方面全面协同发展。

海岸带作为海洋向陆地过渡的特殊地理区域，是海洋经济发展的重要载体和跳板，海岸带与陆域空间的协调发展是陆海统筹战略实施的重要内容，如何合理规划海岸带空间格局成为影响海洋经济可持续发展的关键问题。当前国家高度重视海岸带的综合保护与利用，先后印发了《海岸线保护与利用管理办法》《围填海管控办法》等海岸带管理政策法规。自然资源部海洋战略规划与经济司把海岸带规划作为"两规一红线"工作的主要内容，明确提出要编制实施海岸带保护与利用综合规划，严格围填海管控，促进海岸带地区陆海一体化生态保护和整治修复。

为落实国家海岸带陆海统筹空间规划工作要求，2017 年原国家海洋局战略规划与海洋经济司，组织成立了由国家海洋环境监测中心牵头的海岸带陆海统筹空间规划专家组，深入研究海岸带陆海统筹空间规划编制的工作思路与技术方法，其中国家海洋环境监测中心承担了海岸带陆海统筹空间规划编制技术方法的研究工作。为进一步完善海岸带陆海统筹空间规划编制技术方法，2018 年国家海洋环境监测中心承接了宁波市海岸带陆海统筹战略下的空间规划实施研究工作，将前期研究构建的海岸带陆海统筹空间规划理论方法与宁波市的具体情况相结合，研究构建了宁波市海岸带陆海统筹空间规划技术方法体系，得到了宁波市自然资源部门的高度认可。

本书是对以上海岸带陆海统筹空间规划研究工作的凝练和总结，分上篇和下篇两部分。上篇是海岸带陆海统筹空间规划编制的技术方法研究与总结，主要包括海岸带陆海统筹空间功能分类、海岸带陆海空间利用现状分析方法、海岸带陆海统筹空间功能划分方法和海岸带陆海统筹综合方法；下篇是宁波市海岸带陆海统筹空间规划的实践研究，主要阐述了宁波市海岸带保护与利用现状，剖析了宁波市海岸带"多规"并存的问题，开展了宁波市海岸带开发适宜性状况和资源环境承载力评价，在此基础上构建了宁波市陆海统筹基础空间格局，并提出了陆海统筹综合管控策略。全书共分为十三章，其中第一章由张志锋（国家海洋环境监测中心）、索安宁（中国科学院南海海洋研究所）撰写；第二章由刘大海（自然资源部第一海洋研究所）、蒋金龙（自然资源部第三海洋研究所）；第三章由张志锋、索安宁撰写；第四章由卫宝泉（国家海洋环境监测中心）、张云（国家海洋环境监测中心）、索安宁撰写；第五章由索安宁、张志锋、刘大海撰写；第六章由张志锋、赵昂（自然资源部海洋战略规划与经济司）、索安宁撰写；第七章由王余养（宁波市土地勘测规划院）、章仲楚（宁波市

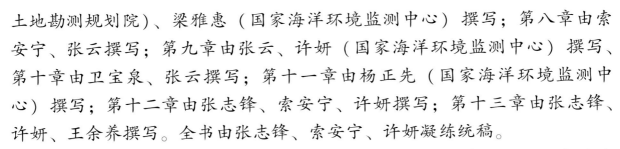

土地勘测规划院）、梁雅惠（国家海洋环境监测中心）撰写；第八章由索安宁、张云撰写；第九章由张云、许妍（国家海洋环境监测中心）撰写、第十章由卫宝泉、张云撰写；第十一章由杨正先（国家海洋环境监测中心）撰写；第十二章由张志锋、索安宁、许妍撰写；第十三章由张志锋、许妍、王余养撰写。全书由张志锋、索安宁、许妍凝练统稿。

在本书部分内容成果得到国家社会科学基金项目"基于分区分类的海洋生态红线差别化管控政策研究（17BJY039）"资助，全书成稿过程中得到了自然资源部海洋战略规划与经济司刘岩副司长、魏国旗副巡视员，自然资源部海洋战略研究所于建副所长、大连海事大学栾维新教授、宁波市发展与改革委员会陈飞龙教授、自然资源部宁波海洋环境监测中心站费岳军站长等单位领导和专家的大力协助和中肯建议，在此，表示最诚挚的谢意！

由于研究深度有限，专著撰写时间仓促，加之作者水平有限等原因，书中谬误难免，敬请各位领导与专家批评指正。

撰写组

2019 年 7 月

目　录

上篇　海岸带陆海统筹　空间规划理论方法

下篇　海岸带陆海统筹　空间规划实践应用

上　篇

海岸带陆海统筹
空间规划理论方法

第一章 海岸带管理概述

第一节 海岸带概念内涵

海岸带是指海洋向陆地过渡，海陆相互作用的沿海地带。它是以海岸线为核心向陆海两侧扩展一定宽度的带状区域，包括近岸陆地和近岸海域。1985年我国陈吉余等将海岸带定义为潮间带及其向陆和向海的延伸部分（向陆地延伸10 km，向海洋延伸至10~15 m等深线）。1988年，Carter在《海岸环境》一书中将海岸带定义为陆地、水体和空气的交界区域。我国地貌学家杨世伦认为海岸带应包括永久性水下岸坡带、潮间带和永久性陆地带三部分区域。其中，永久性水下岸坡带的向海边界是波浪作用的下限；永久性陆地带可以是风成海岸沙丘的向陆边缘，也可以是人工海堤。

海岸线是海洋与陆地的分界线，它的更确切的定义是海水向陆到达的极限位置的连线。由于受到潮汐作用以及风暴潮等影响，海水有涨有落，海面时高时低，这条海洋与陆地的分界线时刻处于变化之中。因此，实际的海岸线应该是潮间带无数条海陆分界线的集合，它在空间上是一条带，而不是一条地理位置固定的线。为了管理操作的方便，相关部门和专家学者将海岸线定义为平均大潮高潮时的海陆分界线的痕迹线，一般可根据当地的海蚀阶地、海滩堆积物或海滨植物确定。

海岸带是海洋与陆地相互接触和相互作用的集中地带，从波浪所能作用的海域范围向陆地延伸至暴风浪所能达到的地带，宽度从几十米到几十千米不等。海岸带在空间上一般包括潮上带（近岸陆地）、潮间带、潮下带（近岸海域）三个区域，具体空间结构见图1-1。

潮上带又叫海岸带陆地区域，一般的风浪和潮汐都达不到，在极端情况下可能受到暴风浪、风暴潮等海洋作用的影响。潮上带在不同底质海岸地貌形态各不相同，在基岩海岸，陆地的基岩质山地丘陵受海水侵入淹没，使得海岸陆地山峦起伏，奇峰林立，海岸岬角与海湾相间分布，岬角向海突出，海水直逼崖岸，形成雄伟壮观的海蚀崖。在一些海水反复进退的基岩岸段，还存在海蚀阶地、海蚀平台等地貌类型；在砂质海岸，在长期的海洋堆积作用下，形成面积较大，地势平坦的滨海平原，又叫海积平原。海积平原向海前缘多分布有滨海沙丘，滨海沙丘分链状风积沙丘、滨岸沙丘、下伏基岩沙丘和丘间席状沙地等，滨海沙丘多沿海岸线展布，宽度500~1 500 m，高度多在20 m以下。丘间席状沙地地势平坦，地表堆积有厚度1.0~1.5 m的风积沙层，多为风选极好的细砂。淤泥质海岸多为河流携带泥沙淤积形成的洪积平原，又叫三角洲平原。三角洲平原地势相对平坦，海岸线平直，河床发育，由分叉河床沉积、天然堤沉积、决口扇沉积以及低地、潟湖的沼泽沉积等类型

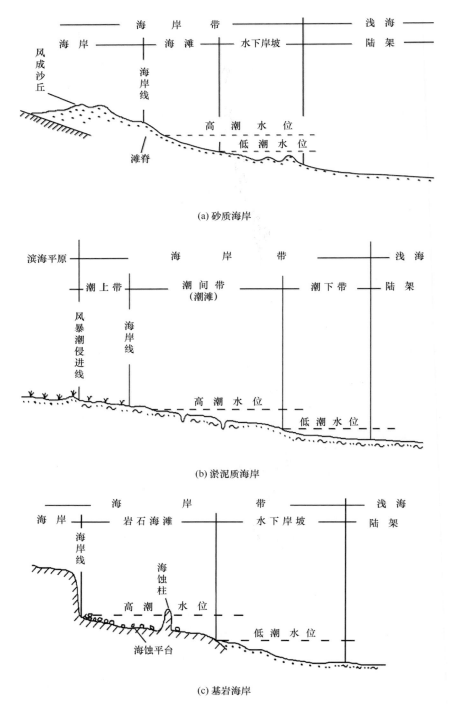

图 1-1　海岸带空间结构

组成。随着淤泥质海岸河流沉积作用增强，在河床中逐渐形成边滩、沙洲，在河口区域形成沙嘴、沙坝和潟湖。

潮间带是海陆相互作用最为集中的区域。在基岩海岸的潮间带，由于长期受海浪冲刷侵蚀破坏，一些结构破碎或岩性较软的区域被海浪掏挖成凹进岩体，形成海蚀槽或海蚀洞。

海蚀槽或海蚀洞顶部岩体破碎塌落后，海岸后退就形成海蚀崖，原来的海蚀槽或海蚀洞底部岩石则成为向海稍有倾斜的基岩平台，称为海蚀平台。从悬崖上崩塌下来的岩块，被波浪冲刷带走过程中，逐渐滚磨成碎块，形成相对平坦的海蚀滩。一些海蚀洞顶部岩石受侵蚀塌落，洞壁岩石相对坚硬，在长期的海浪冲刷侵蚀作用下形成海蚀柱。一些向海突出的岬角同时遭受到两个方向的波浪作用，使两侧海蚀洞侵蚀穿透，呈拱门状，称为海蚀拱桥。海蚀拱桥崩塌后，拱桥向海一端便形成基岩孤岛，孤岛继续冲刷侵蚀则形成海蚀柱。基岩海岸一般地势陡峭，深水逼岸，掩护条件好，水下地形稳定，多具有优良的港址建设条件，同时奇特壮观的海蚀地貌景观，也为发展滨海旅游业提供了丰富资源。砂质海岸潮间带底质为结构松散、流动性大的沙砾，来源包括河流来沙、海崖侵蚀供沙、陆架来沙、离岸输沙、风力输沙、生物沉积等。砂质海岸潮间带水沙动力作用十分活跃，主要动力过程包括波浪作用、潮汐作用、风力等。当向岸流速大于离岸流速时，海滩沙砾物质向岸输移量大于向海输移量，海滩处于堆积状态，发育成沙滩、沙堤、沙嘴、水下沙坝、潟湖等海滩地貌形态；当离岸流速大于向岸流速时，海滩沙砾物质向海输移量大于向岸输移量，海滩处于侵蚀状态，海滩剖面呈凹形，或有侵蚀陡坎。砂质海岸潮间带滩平沙细，水清浪静，是重要的滨海休闲旅游娱乐资源。淤泥质海岸潮间带为范围广阔的淤泥质滩涂湿地，其间散布着大小不一的潮沟体系，形成由潮沟分割和给养的条块状潮滩地貌。淤泥质潮滩自陆向海地势由高渐低，地貌形态、冲淤性质和生态环境特征等具有明显的分带性，依次分为高潮滩带、上淤积带、冲刷带和下淤积带四个地带。冲刷带和下淤积带多为裸露泥滩；上淤积带可能会有稀疏的湿地植物发育；高潮滩带会有芦苇、碱蓬、红树林等相对密集的植被发育。河流由中上游携带而来的大量泥沙在河口区域及沿海堆积，形成河口三角洲前缘滩涂湿地。在河流泥沙来源丰富的情况下，淤泥质滩涂前缘不断向海推进，高潮滩带和上淤积带不断淤高成为陆地，冲刷带和下淤积带淤高成为新的高潮滩带和上淤积带，如此不断淤涨，增加了陆地土地供给。而在河流携带的泥沙物质减少或中断的情况下，不但不能形成新的淤泥质滩涂湿地，而且原来的淤泥质滩涂外缘受波浪、潮流的冲刷侵蚀，海岸会不断向陆地方向后退。淤泥质潮滩地势平坦，沉积泥沙细，结构松散，营养丰富，是底栖水产品的主要生产区。

潮下带处于波浪侵蚀基面以上，海水长期淹没的水下岸坡浅水区域。这一区域阳光充足，氧气充分，波浪活动频繁，沉积物以细砂为主，分选良好，磨圆度高，自低潮水边线向海沉积物由粗逐渐变细。根据海底地形的局部变异，潮下带可分为局限潮下带和开阔潮下带。局限潮下带海底微微下凹，波浪振幅较小，水流较弱，沉积物较细；开阔潮下带与外海直接连接，海底地形微微凸起，波浪和潮汐对海底沉积物搅动作用大，沉积物较粗，分选及磨圆度均较高。从潮坪及陆架地区带来的丰富养料聚集于潮下带，使潮下带成为海洋生物的聚集带，珊瑚、棘皮动物、海绵类、层孔虫、腕足类及软体动物等大量发育，行为光合作用的钙藻也大量发育。基岩海岸潮下带地形复杂，凹凸不平，沟槽、暗礁、礁石和岛屿发育丰富。砂质海岸潮下带地形相对平坦，局部海岸存在水下沙坝-槽谷系统。淤泥质海岸潮下带多为水下三角洲平原，沉积物细腻，富含有机质。

第二节　海岸带空间范围与特征

海岸带在地理上是一个空间范围，泛指陆地向海洋过渡的带状区域。由于海岸带不同区域地形地貌类型不同，海陆交互作用的影响范围就不同，故此海岸带的空间范围与地理特征在不同海岸带区域各不相同。

一、海岸带的空间范围界定

1. 国际海岸带空间界定

关于海岸带的空间范围，沿海各个国家有不同的界定。联合国《千年生态系统评估项目》将海岸带定义为"海洋与陆地的界面，向海延伸到大陆架的中间，在大陆方向包括所有受海洋影响的区域，具体边界为位于平均海深 50 m 与潮流线以上 50 m 之间的区域，或者自海岸向大陆延伸 100 km 范围内的低地，包括珊瑚礁、高潮线与低潮线之间的区域、河口、滨海水产作业区，以及水草群落"。

目前，国外所依赖的海岸带划界标准一般包括：自然标准、行政边界、任意距离和选择的环境单元，但是没有任何单一的标准是普遍适用的，也不可能用一个标准来满足海岸带划分所要求的全部条件，须依据具体情况来权衡。自然标准以自然的山脉、分水线、大陆架等向海或者向陆为分界线；行政边界是利用国家现有的行政区划（沿海的县市）来确定海岸带；任意距离指一般以海岸线为基线，人为地划定一定距离向陆向海两面延伸；环境单元指由选出的环境单元组成海岸带的管理区，而这些环境单元不仅仅限于沿海地区。

美国形成了比较完整的海岸带边界体系，美国 1972 年颁布的《海岸带管理法》将海岸带定义为："沿海州的海岸县和彼此相互影响的临海水域和邻近的滨海陆地"。美国国家海洋与大气局管理局（NOAA）2012 年对全美 35 个在五大湖和沿海州的海洋边界逐一进行了差别化规定。加利福尼亚州是自海岸线向陆 914.40 m；佛罗里达州，由于地势低洼，地下水位普遍较高，河流密布，距海超过 10 km 以上的内陆很少，陆地与沿海之间都存在相互影响，所以全州均列入海岸带范围；新泽西州的规定根据地区而变化，以平均高潮线向内陆延伸 30 m 至 16 km，最多 32 km 不等；北卡罗来纳州规定与大西洋、河口湾或受潮汐影响水域接界陆地的县都属海岸带管理范围；阿拉斯加州的海岸带内陆边界也是变化的，是由当地规划的完整性决定的，有些情况可沿溯河鱼类流系的方向向内陆延伸 300 km。韩国海岸带陆地空间范围为海岸线以上 500 m 区域。澳大利亚不同州对海岸带空间范围界定各不相同，新南威尔士州和塔斯马尼亚州等区域界定的海岸带空间范围为距离最大高潮线 1 km 范围的陆地区域；西澳大利亚州对海岸带海域的界定范围为 30 m 水深。

2. 我国海岸带空间界定

我国 20 世纪 80 年代初的全国海岸带综合调查范围为向陆地延伸约 10 km，向海延伸到

10～15 m 等深线；21 世纪初实施的"我国近海海洋综合调查与评估"专项中设立的海岛海岸带专题调查范围为向陆延伸 5 km，向海延伸至 20 m 等深线。2016 年 8 月海南省政府印发的《海南经济特区海岸带范围》和《海南经济特区海岸带土地利用总体规划（2013—2020 年）》明确指出，海岸带向陆地一侧界线原则上以海岸线向陆延伸 5 km 为界，结合地形地貌，综合考虑海岸线自然保护区、生态敏感区、城镇建设区、港口工业区、旅游景区等规划区的具体划定；海岸带向海洋一侧界线原则上以海岸线向海洋延伸 3 km 为界，同时兼顾海岸带海域特有的自然环境条件和生态保护需求，在个别区域进行特殊处理。《青岛市海岸带规划管理规定》第 2 条规定，海岸带范围为自海岸线起至海域 10 n mile 的等距线；陆域未建成区一般至 1 km 等距线，胶州北以铁路为界；特殊区域以青岛市人民政府批准的海岸带规划控制范围为准。《威海市人民政府关于加强海岸带管理与保护的意见》第 2 条规定，海岸线范围为：海岸线向海一侧为威海市所辖海域，向陆纵深以山脊线、滨海道路、河口、湿地和潟湖等为界划定，在无特殊地理特征或参照物的区域，原则上以不小于 2 km 的距离划定。在人类开发海洋资源能力空间强大的今天，尤其是我国大规模围填海造地的实施，海岸带已不能用具体的空间距离来界定，只能是与海洋直接相关的海岸线上下带状区域。

二、海岸带空间特征

海岸带在横向空间构成上包括河口三角洲、海岸平原、湿地、沙滩和沙丘、珊瑚礁、红树林等。根据这个定义，海岸带首先是一个界限明确，且包括一个可以进行规划和管理的"纯"自然地理单元。实行管理的地区包括以下四类：内陆地区，它们大多通过河流对海洋产生影响；沿海地区，包括沼泽地、湿地等靠近海洋的地区，这里的人类活动能够直接影响附近的海域；沿海水域，一般指河口、环礁湖和浅海水域，在这类水域内，以陆地为基地的活动产生的影响对它们有支配作用；近海水域，大致在大陆架边缘以内的水域。这些区域都具有强烈的海陆交互作用，是多种海洋生物的重要栖息场所，同时也是人类重要的定居地和活动场所。

海岸带作为海陆交互作用的特殊区域，不仅具有海陆过渡、资源丰富、生态脆弱等自然地理属性，而且兼具独特的社会经济属性，是人类工业、商业、居住、旅游、军事、渔业和运输等活动高度密集的地区，被誉为社会经济领域中的"黄金地带"。海岸带具有以下基本特征。

（1）资源要素最丰富。海岸带是水圈、岩石圈、大气圈和生物圈共同作用、相互影响的地带，自然过程活跃；是海洋物质能量与陆地物质能量的转换中心，资源丰富，条件优越。

（2）区位优势最明显。海岸带处在海洋与陆地的结合部位，边缘效应、枢纽效应和扩散效应显著，是经济发达、城镇集中、人口稠密、交通便捷的"宝地"。

（3）生态脆弱、灾害频发。海洋地处地表高程较低的部分，人为过程和自然过程产生的废物最终都要进入海洋，使近岸海域生态系统相当脆弱。

海岸带是海洋系统与陆地系统相连接、复合与交叉的地理单元，既是地球表面最为活跃的区域，也是资源与环境条件最为优越的区域；海岸带是海岸动力与沿岸陆地相互作用，具有海陆过渡特点的独立环境体系，与人类的生存与发展的关系最为密切。随着内陆产业趋海转移和沿海经济社会的快速发展，海岸带正面临着全球气候变化、海平面上升、区域生态环境恶化、生物多样性减少、污染加重、渔业资源衰退等巨大压力，严重影响了海岸带的可持续发展。

第三节　海岸带综合管理基本特征与构成

海岸带综合管理是一种协调有关部门海洋开发活动的政府管理行为。它通过制定目标、规划及实施过程尽可能广泛地吸引各利益集团参与，在不同的利益中寻求最佳方案，并在国家海岸带总体利用方面实现一种平衡。美国《海岸带管理指南》中认为，海岸带综合管理是通过规划和项目开发、面向未来的资源分析、应用可持续概念等检验每一个发展阶段，试图避免对沿海区域资源的破坏。2002 年世界银行指出："海岸带综合管理是在由各种法律和制度框架构成的一种管理程序指导下，确保海岸带地区发展和管理的相关规划与环境、社会目标相一致，并在其过程中充分体现这些因素。"我国著名海洋管理专家鹿守本定义："海岸带综合管理是高层次的管理，是海洋综合管理的区域类型，通过战略区划规划、立法、执法和行政监督等政府职能行为，对海岸带的空间、资源、生态环境及其开发利用的协调和监督管理，以便达到海岸带资源的可持续利用。"

一、海岸带综合管理特征

根据海岸带综合管理的定义，海岸带综合管理是动态的，多学科、多部门的，强调可持续发展和利用，最终促进人类社会进一步发展的管理过程，涵盖了信息的收集、决策的制定以及管理和监督的实施。具体来说，海岸带综合管理特征主要包括以下几点。

1. 复杂性

海岸带地区历来是人类活动频繁的区域，沿海城市的经济也往往更为发达，军事更为牢固，政治地位更为重要。海岸带地区具有各类丰富的资源，包括土地资源、油矿资源、海洋渔业资源和自然环境资源等。在对这些资源进行开发的过程中，政府设置不同的、复杂的机构和部门进行着相互合作又相互区分的大量工作。另外，海岸带并未有公认的定义，其确立与划分由于地域不同呈现出各异的状态，由此可见海岸带综合管理的复杂性。

2. 动态性

随着海岸带地区人口、社会经济、资源需求以及开发利用程度的不断变化，海岸带地区的生态、地貌和水文等状况也不断变化，导致海岸带系统一直处于动态变化之中。这就要求在海岸带综合管理中，应根据海岸带地区的变化，适时调整海岸带管理的政策、计划和规划，使海岸带开发利用管理和保护处于动态、连续的过程。

3. 综合性

海岸带综合管理与分部门、分行业的管理相比，更强调"综合性"，其综合性主要体现在：海陆间的综合、海岸带的政府部门间的综合，以及各学科间的综合。海岸带既包括海域部分，又包括陆域部分，地理位置和生态环境特殊。它涉及的部门众多，除自然资源管理部门外，还包括生态环境、农业、林业、旅游、交通等部门。各部门因其职责不同，利益出发点也不同，使得海岸带"综合"管理成为必需。另外，它所涉及的学科也很多，不仅包括地理、环境和生态等自然科学，还包括管理、社会、法律、教育等社会科学。

4. 协调性

海岸带综合管理中涉及的部门、机构、团体、组织、教育机构以及学科等众多，其协调性主要体现在海岸带科学研究与政府行政管理之间的协调，各学科之间的协调，各教育机构、团体之间的协调以及各政府部门之间的协调等。通过这种多部门、多学科之间的协调，可以使各利益相关者合理分配、利用和保护海岸带资源与环境，减少海岸带管理中的矛盾和冲突。

5. 可持续发展性

可持续发展的基本特征是保持生态持续、经济持续和社会持续。海岸带开发与管理中，不仅涉及海岸带自然资源系统和社会经济系统，还涉及局部利益与整体利益，近期利益与长远利益。它们之间具有很强的关联性和制约性。海岸带综合管理强调在这些关联性和制约性中找到平衡点，以实现海岸带的可持续发展。

6. 统筹性

随着海岸带综合管理工作的不断深入，"海海统筹"与"陆海统筹"成为新趋势，既需要从整体出发关注邻近周边的海岸带区域规划，还需要从局部出发关注每一个海岸带区域海陆的共同发展。在"海海统筹"中，将海岸带区域进行更详细的划分（集水区、生态敏感区、海岸带研究区域等），以联系和发展的眼光，寻找共性，相互借鉴，并合理地预测未来，统筹考虑近期、中期、远期，依据不同的岸线利用类型作出合理安排。在"陆海统筹"中，因地制宜地发挥海陆的互动作用，进行更加合理的陆地土地规划，实现海陆资源互补、产业互动、布局优化的发展局面。

二、海岸带综合管理组成要素

综合国际上的海岸带综合管理模式，海岸带综合管理的组成要素主要包括法规依据、具体计划、支持资金、行政主体、社会公众、监督力量（图1-2）。

法规依据，是海岸带管理的基础依据，是协调各利益关系的准则，包括各个层面、各

图 1-2　海岸带综合管理组成要素

个部门的法律、规定、规范、标准等具有法律约束力的规章制度。定义海岸带管理目标和管理原则，指导制订各种具体执行计划，保证支持资金的稳定来源，划定行政主体的权责范围，保障社会公众全过程广泛参与管理的权利，保护监督力量的有效运行。

具体计划，是海岸带管理的具体依据，针对特定时空范围海岸带管理中出现的各种具体问题而制定的解决方案，具有可执行性。包括基础调查研究、空间规划、管理计划、技术支持、监测评估等。

支持资金，是海岸带管理的经济保障，维护行政管理、公众参与、监督评估各种日常管理活动的正常开展，保障海岸带管理中各个具体计划的执行。

行政主体，是海岸带管理的执行者，担负海岸带保护与开发的全部行政管理职能，制订各种具体计划，统筹支持资金筹措与分配，组织社会公众参与海岸带管理，接受监督力量的监测评估。

社会公众，是海岸带管理的决定性力量，通过公众参与、舆论监督促进法规依据的完善、具体计划的合理性与可执行性，是支持资金的根本来源，是监督力量的有效补充。

监督力量，是海岸带管理健康运行的维护者，监督行政主体的执行效率，评估具体计划的执行效果，引导社会公众参与法规依据、具体计划的修订完善。

三、海岸带综合管理主要内容

根据海岸带综合管理规划的目的和任务，其主要工作内容包括以下几个方面。

1. 管理区域与管理现状分析

管理区域有明确的界限、特征及其划分方法，边界的确定是海岸带综合管理规划的首要任务。管理现状分析是对海岸带管理的总结，包括对区域范围内的现有规划和计划的评价，其目的是研究海岸带管理模式的合理性，找出海岸带管理上的经验与教训，寻求提高海岸带资源利用率的途径，为编制管理规划提供依据。

2. 海岸带系统评价

海岸带系统评价是海岸带综合管理规划的重要组成部分，也是管理规划的基础，其目的是为规划提供依据。就规划的要求而言，主要有两项任务：①在利用现状的基础上作适宜性评价，说明需要调整的开发利用程度、分布和利用方向；②对将来需要的资源作适宜性评价。评价的内容与层次见图1-3。

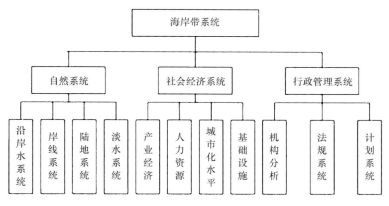

图 1-3　海岸带系统评价的内容与层次结构

3. 海岸带利用预测

海岸带综合管理是通过资源管理形式进行的，因此，海岸带利用预测是人们对海岸带资源利用量的需要和模式的推测，是海岸带综合管理规划的中心内容之一。根据规划的要求，海岸带利用预测的主要内容有：①利用方式的预测；②人口迁移规律和基数预测；③产业发展需求量预测；④管理效益预测；⑤在综合平衡的基础上，进行定性、定量、定位配置。

4. 海岸带综合管理战略研究

海岸带综合管理战略研究是对海岸带综合管理远景目标及任务的战略性安排，研究确定规划所要解决的重大问题，实现规划目标和任务的途径和步骤，以及所要采取的政策。研究的主要内容有：①关联因素影响分析，分析管理区域内外自然过程对管理区域的资源、环境、经济和社会发展的影响；分析管理区域内经济和社会发展对资源、环境的影响以及海岸带开发自身引发的管理问题。②海岸带综合管理战略目标及任务的确定，包括重大管理问题的确定；部门在管理中的职责及主要评价指标的确定；预期效益的确定。

5. 海岸带利用分区

海岸带利用分区是海岸带综合管理规划的中心内容之一，也是优化资源配置的重要手段。海岸带的空间布局，按管理需要可划分为不同层次，每一层次代表具有不同的资源、问题和管辖特征的管理单元，视为一个单一的相互作用的系统。在进行功能分区时，通常又分为 3 类：①比较适于集中开发的区域——城镇空间；②不适于开发的区域——生态空间；③介于两者之间、适于控制开发的区域——农业空间。这样划分将为每一个小区提供独立的管理机会，也便于制定各个特征小区的专项规划。

6. 重点利用项目环境影响与管理

重点利用项目环境影响与管理是海岸带综合管理规划的基本内容之一，它与区域国民经济发展关系密切，同时在实施过程中对环境存在利弊影响，对资源的优化配置也有很大影响。

第四节　我国海岸带综合管理与空间规划实践

我国真正意义上的海岸带综合管理实践始于 1994 年，我国政府与联合国开发计划署等合作，在厦门建立了海岸带综合管理实验区。1994—1998 年，厦门市开展了第一轮海岸带综合管理的实践与探索。2001 年 7 月又开展了第二轮厦门海岸带综合管理。1997—2000 年，我国又在广西防城市（防城港）、广东阳江市（海陵湾）和海南文昌市（清澜湾）进行海岸带综合管理实验，探索海岸带综合管理能力建设模式。2000 年 7 月，在渤海湾推广海岸带综合管理经验，开展了基于生态系统的海洋环境管理工作。2005 年以来，由 UNDP/GEF 资助，国家海洋局组织实施了"南部沿海生物多样性管理项目"（SCCBD），推进了海岸带综合管理及生态保护，初步形成了我国南部沿海生物多样性管理模式。

一、我国海岸带综合管理与空间规划主要实践

我国海岸带地区的管理体制属于半集中式的行业部门分散管理模式，相关的管理部门之间缺乏有效的协调机制。随着海岸带开发利用的不断深入，参与海岸带开发管理的部门日渐增多，仅在海岸带地区范围内，我国涉海部门就有 20 个左右，各部门因职责和分工不同，都对海岸带地区进行不同目标或对象的管理。如农业农村部渔业渔政管理局具有管理海洋渔业生产的职能；交通部门具有管理港口作业和海上航运的职能；国家石化部门具有管理海洋石油开采的职能；文化和旅游部具有管理海洋旅游活动的职能等；不同的部门根据自己的职能，对同一地区往往从不同的目标进行管理，或对同一对象从不同的角度或方法进行控制等，再加上有些地区管理分工不明，由此则容易造成部门间的不协调。

我国非常重视海岸带的管理工作，并颁布了一些单项的部门法律规章，并在 1986 年，提出了"海岸带管理条例（送审稿）"，但由于种种原因而搁置了。到目前为止，我国还没有一部关于海岸带管理的专门性法律，仅有海岸带管理的地方性法规，如《江苏省海岸带管理条例》《青岛市海岸带规划管理规定》等。

在海岸带空间规划方面，2004 年初，山东省率先在国内提出开展《山东省海岸带规划》的编制工作，对海岸带的资源配置、土地利用、生态保护、开发方向进行了科学、系统的规划，其编制对于充分认知和正视各种需求、合理控制和使用海岸带资源、保护和改

善海岸带环境、促进海岸带地区经济和社会近期和长远的发展意义重大。在该规划的指导下，山东省陆续编制了《青岛市海岸带规划》《威海市海岸带分区管制规划》《日照市海岸带分区管制规划》《烟台市海岸带规划》等下一层级的海岸带规划，对沿海地区的发展起到了良好的指导作用。

此后，全国各沿海地区的海岸带相关规划工作广泛展开。这些规划包括升级层面的《江苏沿海地区发展规划》（2009 年）、《辽宁沿海地区发展规划》（2009 年）、《山东半岛蓝色经济区规划》（2011 年）、《河北沿海地区发展规划》（2011 年）、《福建省海岸带保护与利用规划》、《广东省海岸带综合保护与利用总体规划》以及地方层面的《黄河三角洲高效生态经济发展规划》（2009 年）等。

《广东省海岸带综合保护与利用总体规划》是原国家海洋局 2017 年组织开展海岸带综合保护与利用总体规划编制试点工作以来出台的第一份省级规划，由广东省人民政府组织编制，并经广东省人民政府常务会议和原国家海洋局局长办公会议审议通过。规划通过科学分析广东省海岸带资源环境承载能力和空间开发适宜性，划定并落实广东省海岸带海陆空间的"三区"（海域：海洋生态空间、海洋生物资源利用空间和建设用海空间，陆域：生态空间、农业空间和城镇空间）和"三线"（海域：海洋生态保护红线、海洋生物资源保护线和围填海控制线；陆域：生态保护红线、永久基本农田和城镇开发边界），形成陆海统筹的基础空间格局，进一步强化海岸带在区域经济社会发展中的支撑和引领作用，以及在陆海生态环境保护、防灾减灾中的屏障和服务功能。《广东省海岸带综合保护与利用总体规划》为坚持陆海统筹、加快海洋强国建设开展了新实践，为贯彻落实主体功能区战略和制度探索了新途径，为全国海岸带经济社会和资源环境的协调可持续发展开创了新局面。

二、海岸带陆海统筹空间规划经验与启示

目前，我国多个区域都在积极探索海岸带陆海统筹空间规划管理模式，深圳市、南通市、青岛市、惠州市及广东省等多个省市出台了相关的海岸带空间规划方案。

（1）深圳市：构建"陆海全域"与"海岸带"两层次的"内优外拓"陆海统筹战略框架，推进海岸带"五大统筹"，协调海岸带陆海空间综合管理。

内优：统筹编制陆域—岸线—海域一体化的海岸带主体功能区规划（"三生"空间）。

外拓：构建"一带三湾三圈"的双向开放、空间拓展格局。

推进"五大统筹"，协调陆海空间管理，包括：全域生态空间统筹、滨海产业布局统筹、滨海公共空间统筹、陆海交通网络统筹和海岸带管控范围统筹。

（2）南通市：构筑"双核一轴多中心"海岸空间开发格局：统筹陆海空间布局、生产要素配置、资源开发利用和生态环境建设。探索陆海统筹的海岸空间管控政策创新：围填海统一管理、滩涂改造耕地储备入库、滩涂围垦红线和生态补偿制度。实施以沿海乡镇为单元的陆海环境综合整治。新形势下的不足：①向海要地的发展思路仍占主导；②基于陆海响应机制的"多规合一"实施策略不明；③陆海产业联动和发展空间拓展的

途径不多。

（3）青岛市：综合考虑海岸带各区段自然属性、经济社会发展需求，坚持生态优先，统筹协调，突出重点，将青岛市海域和海岸带保护利用重点空间规划为"三区、四带、八板块"15个重点功能区。

（4）惠州市：构建"一轴、一带、四湾、多岛"的空间格局，重点管控海陆生态、环境、资源保护，对海岸带建设后退、滨海景观、公共空间、安全防灾等提出管控要求。

（5）广东省：以海岸线为轴，构建"一线管控、两域对接，三生协调、生态优先，多规合一、湾区发展"的海岸带保护与利用总体格局，强调以湾区发展为引领，逐步实现海岸带陆海空间的统筹保护与发展。

三、新时期我国海岸带相关空间规划发展历程

党的十八大提出将生态文明建设纳入中国特色社会主义事业"五位一体"总体布局，经过十八届三中全会提出建立空间规划体系，划定生产、生活、生态开发管控边界，落实用途管制；生态文明体制改革、省级空间规划试点，到自然资源部成立及其"三定"方案发布，我国海岸带及国土空间规划体系脉络及要求逐步更加清晰（表1-1）。

表1-1　党的十八大以来我国空间规划发展进程

序号	时间	事件	内容
1	2012年11月	中国共产党第十八次代表大会	将生态文明建设纳入中国特色社会主义事业"五位一体"总体布局，提出加快实施主体功能区战略，推动各地严格按照主体功能定位发展，构建科学合理的城市化格局、农业发展格局、生态安全格局
2	2013年11月	中国共产党第十八届三中全会	建立空间规划体系，划定生产、生活、生态开发管制边界，落实用途管制
3	2013年12月	中央城镇化工作会议	积极推进市、县规划体制改革，探索能够实现"多规合一"的方式方法。
4	2014年3月	《国家新型城镇化规划（2014—2020年）》	推动有条件地区的经济社会发展总体规划、城市规划、土地利用规划等"多规合一"
5	2014年8月	国家发改委等四部委	联合下发《关于推动市县"多规合一"试点工作的通知》，部署在全国28个市县开展"多规合一"试点
6	2015年4月	《中共中央国务院关于加快推进生态文明建设的意见》	坚定不移地实施主体功能区战略，健全空间规划体系，科学合理布局和整治生产空间、生活空间、生态空间
7	2015年9月	中共中央国务院印发《生态文明体制改革总体方案》	强调"整合目前各部门分头编制的各类空间规划，编制统一的空间规划，实现规划全覆盖"；"支持市县推进'多规合一'，统一编制市县空间规划，逐步形成一个市县一个规划，一张蓝图"

续表

序号	时间	事件	内容
8	2016 年 12 月	中共中央办公厅/国务院办公厅印发《省级空间规划试点方案》	要求各地区深化规划体制改革创新，建立健全统一衔接的空间规划体系，提升国土空间治理能力和效率。同时将吉林、浙江、福建、江西、河南、广西、贵州等纳入试点范围，形成 9 个省级空间规划试点
9	2017 年 3 月	国土资源部印发《自然生态空间用途管制办法（试行）》	指出市县级以上地方人民政府在系统开展资源环境承载力和国土空间开发适宜性评价的基础上，确定城镇、农业、生态空间，划定生态保护红线、永久基本农田、城镇开发边界，科学合理编制空间规划，作为生态空间用途管制的依据
10	2017 年 9 月	中共中央办公厅/国务院办公厅印发《关于建立资源环境承载力监测预警长效机制的若干意见》	提出"编制空间规划。要先行开展资源环境承载力评价，根据监测预警评价结论，科学划定空间格局，设定空间开发目标任务、设计空间管制措施，并注重开发强度管控和用途管制"
11	2018 年 3 月	中共中央印发《深化党和国家机构改革方案》	明确：为统一行使全民所有自然资源资产所有者职责，统一行使所有国土空间用途管制和生态保护修复职责，着力解决自然资源所有者不到位，空间规划重叠等问题，将国土资源部的职责、国家发展和改革委员会的组织编制主体功能区规划职责、住房和城乡建设部的城乡规划管理职责等进行整合，组建自然资源部，对自然资源保护与开发利用进行监管，建立空间规划体系并监督实施，履行全民所有各类自然资源资产所有者职责，统一调查和确权登记，建立自然资源有偿使用制度等
12	2018 年 8 月	自然资源部"三定"方案	进一步明确国土空间规划局的职责为：拟定国土空间规划相关政策，承担建立空间规划体系工作并监督实施。承担国务院审批的地方国土空间规划的审核、报批工作，指导和审核涉及国土空间开发利用的国家重大专项规划。开展国土空间开发适宜性评价，建立国土空间规划实施监测、评估和预警体系
13	2019 年 1 月	中央全面深化改革委员会	审议通过《关于建立国土空间规划体系并监督实施的若干意见》等文件，会议指出，要科学布局生产空间、生活空间、生态空间，体现战略性、提高科学性、加强协调性、强化规划权威，改进规划审批，健全用途管制，监督规划实施，强化国土空间规划对各类专项规划的指导约束作用
14	2019 年 7 月	中央全面深化改革委员会	审议通过《关于在国土空间规划中统筹划定落实三条控制线的指导意见》，会议强调，统筹划定落实生态保护红线、永久基本农田、城镇开发边界三条控制线，要以资源环境承载能力和国土空间开发适宜性评价为基础，科学有序统筹布局生态、农业、城镇等功能空间，按照统一底图、统一标准、统一规划、统一平台的要求，建立健全分类管控机制

可以看出，国土空间规划的要求和目标即为发挥战略性、科学性、协调性、权威性的作用，并对各专项规划起到指导和约束的作用。其意义主要体现在四个方面。

　　一是系统解决各类空间性规划存在的突出问题，提升空间规划编制质量实施效率。

　　二是理顺规划关系，精简规划数量，健全全国统一、相互衔接、分级管理的空间规划体系。

　　三是改革创新规划体制机制，更好地发挥规划的引领和管控作用，更好地服务于"放管服"改革，降低规划领域制度性交易成本。

　　四是落实"互联网+政务"，推进数字化、信息化和智慧化进程，推动空间管理创新，提高国土空间治理能力现代化。

　　通过梳理国内部分地区"多规合一"的试点成果及当前浙江、广西、广州、武汉、厦门等省市国土空间规划试点编制的情况，结合国内学者关于国土空间规划编制的研究探索，以及各大设计机构已经形成的阶段性研究成果，应该说在具体的研究和编制内容上，有以下几个基本共识。

　　第一，即对当前执行的规划情况进行统一的实施评价，全面掌握现行规划存在的突出矛盾和问题。

　　第二，全面开展"双评价"工作，即资源环境承载力评价和国土空间适宜性评价两个方面。

　　第三，进一步划定"三线"工作，明确空间管控重点与机制。即在前者工作基础上，进一步划定生态保护红线、永久基本农田保护红线和城镇开发边界。

第二章 海岸带陆海统筹空间规划框架设计与基本思路

第一节 海岸带陆海统筹空间规划框架设计

海岸带陆海统筹空间规划是针对海岸带地区陆海兼备的资源环境特点，以国土空间规划方案为框架，以海陆主体功能区规划为基础，以海岸带陆海空间保护与利用现状为出发点，对一定时期内海岸带地区经济社会发展、生态保护、资源开发利用和灾害防治等活动的空间布局作出的统筹安排和综合部署，是综合性和指导性空间规划。海岸带陆海统筹空间规划是总体性、基础性、综合性空间规划，是指导各类海岸带资源保护与利用、沿海城镇发展和海洋产业布局、沿海生态环境保护等规划方案编制与实施的纲领性文件，是海岸带地区、各涉海部门编制相关规划的重要依据，对海岸带地区经济社会发展和生态环境保护等活动具有约束作用，对其他相关规划具有指导和协调作用。编制海岸带陆海统筹空间规划，是全面贯彻党的十九大精神，统筹推进"五位一体"总体布局和协调推进"四个全面"战略布局的总体要求，对于改变"重陆轻海"的传统观念，超越"就海洋论海洋"的原有思维，促进海岸带地区人口资源环境相均衡、经济社会生态效益相统一，推进治理体系和治理能力现代化的重大举措，对于促进我国东部沿海地区率先高质量发展具有深远意义。

一、规划的空间范围

海岸带空间范围以海岸线为轴，既包括向海的延伸，也包括向陆的辐射区域，海陆分别延伸一定距离而在空间上形成的沿海带状空间区域。海岸带空间规划范围原则上涵盖沿海县级行政区的陆域行政管辖范围及领海外部界限以内省级行政区管辖海域范围，同时要综合考虑邻接生态系统整体性和完整性以及陆域经济对海洋的依赖程度。海岸带陆海统筹空间规划既要加强宏观行政管理，对经济结构布局的顺推调整，又要进行微观空间治理，以资源环境政策逆向倒逼；既要以保生态、节资源为目的划定近岸保护红线，也要以减污染、防风险为目的控制上游汇水影响，故可考虑分级划定空间范围。

（1）陆域到沿海乡镇一级，或海岸线向陆和向海各扩展 100～200 m（各地具体待定）作为规划一级管控区。一级管控区是海岸保护的最核心和最前沿地带，相当于一条"海岸红线"或海岸敏感区，实施严格的产业准入政策和资源集约措施。一级管控区内开设产业活动，要深入论证相关环境影响，充分征求主管部门及有关部门意见，而不再局限于当前《海洋环境保护法》所规定的海岸和海洋工程建设项目。研究实施海岸建筑退缩线制度，严守生态保护红线和自然岸线保有率，严格控制建设空间对生态空间的挤占，拓展公众亲海空间。由于一级管控区管理成本及难度较大，其空间范围相对较窄。同时，要对河口、潟湖等重要生态目标和港口、工业园区等重要影响源加以特殊考虑，适当扩大空间范围，力争重要生态目标"应保尽保"，重要影响源"应控尽控"。

全面落实《海岸线保护与利用管理办法》，要以岸线功能为基础，沿海各省（区、市）按照《全国海岸线调查统计工作方案》的要求开展海岸线调查统计工作，并按照严格保护、限制开发和优化利用三种功能类型分段分类实施精细化管控，推进岸线自然化和生态化，坚守自然岸线保有率的自然资源利用上线，加强自然岸线保护；坚持节约集约优先，提高岸线利用效率；强化岸线生态修复，探索海岸线"一线"管控海岸带管理新途径。

（2）以沿海县级行政区为单位划定本规划二级管控区。二级管控区是针对海岸带汇水区的约束地带，用于根据近岸海洋环境质量倒推实施上游水质管理，限制陆域排污总量，以此倒逼优化调整沿海地区的人口规模、产业结构、产业布局等。考虑到我国空间规划、用途管制、项目审批、差异化绩效考核等必须依托县级以上行政单位开展，做此划定。

二、规划的主要内容

海岸带陆海统筹空间规划重点要抓住陆海统筹这个要点，以"海陆统筹、协调发展"理念为统领，打破了单纯的行政区划和海陆分割，把区域综合规划扩大到跨市、跨省，将陆域和海域作为一个整体，统筹功能分区、资源开发、环境保护、产业布局和设施建设，从海岸带综合管理的角度研究确定保护与利用的基础空间格局。在海岸带开发利用方面，从点到线再到面，打造成片保护、集中开发、进度有序、疏密有致海岸带开发利用功能区，勾绘海岸带功能布局互为支撑、开发保护协调并行、国土空间高效利用、人与自然和谐相处的海岸带综合利用格局；在海岸带生态保护方面，以提升海岸带生态系统稳定性和生态产品供给能力为核心，统筹考虑防护林、自然岸线、湿地、河口、海湾以及海岸带鸟类迁徙、鱼类洄游繁殖等的重要生态廊道建设，以斑块、廊道、保护区为重点，以自然山脊及入海河流为廊道，以生态岸段和海域为支撑，构建网络状的生态安全格局。

海岸带陆海统筹空间规划以陆海主体功能区规划为基础，首先根据不同主体功能，开展资源环境承载能力和国土空间开发适宜性评价，以县域为单元，提出海岸带陆海统筹空间规划的总体框架；其次依据自然生态要素地域分异规律和资源环境对人类活动的空间适宜性要求，坚持尊重自然与以人为本相结合、合理保护与有序开发相结合、区际关联与内部均质相结合、近期建设与长远发展相结合的原则，科学合理地划分海岸带功能类型区，在陆域划定生态保护红线和生态空间、永久基本农田和农业空间以及城镇开发边界和城镇空间；在海域划定海洋生态保护红线和生态空间、海洋牧场保护线和农渔业空间以及围填海控制线和建设用海空间。第三以海岸线功能为导向，以海岸带生态系统为基础，重视以海定陆，统筹协调陆域与海域功能对接，促进陆域和海域各类空间要素有机衔接，整合形成陆海协调一致、功能清晰的空间管控分区，形成省级海岸带尺度的综合保护与利用基础空间"棋盘"。

三、规划的主要层级

海岸带陆海统筹空间规划可分为全国、省级、市县、乡镇级四个层级，不同层级的规划范围、重点解决的问题、规划目标和任务措施因规划尺度、深度、内容和具体区域而不同。总体上，上一级规划是下一级规划的宏观指导，而下一级规划则是上一级规划的具体化和精细化落实。全国海岸带陆海统筹空间规划主要从战略层面谋划全国海岸带陆海统筹的保护与利用总体格局，规划海岸带陆海统筹的生态安全屏障和海岸带陆海统筹的开发利用点-轴式总体空间布局，提出海岸带生态保护与资源利用的宏观管控要求；省级海岸带陆海统筹空间规划主要从区域层面谋划省级政府管辖海岸带区域的陆海统筹保护与利用区域格局，划定一级功能区类型的城镇空间、农渔业空间、生态空间及其空间布局以及对应的城镇开发边界线、永久基本农田控制线、生态红线，规划全省海岸带工业区、城镇区、港口区、旅游休闲区、海洋牧场等重点产业功能区的总体空间布局，提出"三区、三线"的总体管控要求；市级海岸带陆海统筹空间规划主要从次区域层面谋划本区域海岸带陆海统筹的具体功能布局，划定省级海岸带陆海统筹空间规划确定的一级功能区类型下的二级功能区类型，规划区域内工业区、城镇区、港口区、旅游休闲区、海洋牧场区等各类产业功能区的具体空间布局，规划生态保护红线区、永久基本农田区、一般生态区、养殖捕捞区等保护功能区的保护、修复、恢复、监管的具体规划方案，提出各类功能区具体的管控要求；县级海岸带陆海统筹空间规划主要从局域层面谋划本级政府管辖岸段的陆海统筹保护与利用详细布局，划定省市级海岸带海陆统筹空间规划确定的一级功能区类型和二级功能区类型之下的三级功能区类型及其空间布局，针对各个开发类具体目标功能区，制定详细的开发利用规划方案；针对各个保护类具体目标功能区，制定详细的保护、修复（恢复）与监测管理规划方案，提出每个具体功能区的详细管控要求。

四、规划编制的技术框架

海岸带陆海统筹空间规划编制包括海岸带保护与利用面临的主要问题与形势分析、规划的总体目标拟定与指标制定、海岸带陆海统筹总体布局、海岸带陆海统筹综合管控措施及要求制定等。海岸带陆海统筹空间规划编制的总体框架见图2-1。

（1）通过历史和现有的资料收集和现场调研，开展国内外海岸带综合利用和保护相关工作的研究，阐述我国海岸带保护与利用的现状与面临的形势，总结当前我国海岸带在保护和利用方面存在的问题。主要包括海岸带保护和利用的基本状况、海岸带资源环境特征、海岸带开发管理现状、当前存在的问题、海岸带面临的社会、经济和环境压力以及当前形势的分析。

（2）在（1）基础上，确定本次规划的总体目标、规划指标以及海岸带综合保护与利用的总体布局。

（3）确定规划的主要任务，主要包括规划的总体布局和功能定位、资源利用与产业优

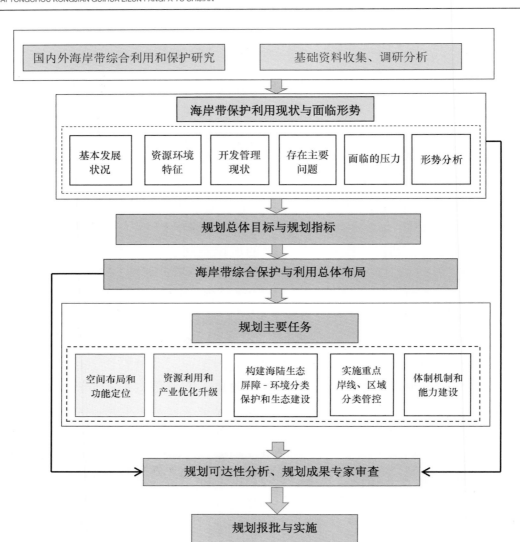

图 2-1　海岸带陆海统筹空间规划编制的总体框架

化升级、生态环境建设与保护、重点区域分类保护与利用、机制创新与保障等。

（4）开展规划可行性分析，并对规划成果开展专家审查，发现问题及时对规划内容进行反馈和修订。

（5）规划的报批与实施。

第二节　海岸带陆海统筹空间规划的基本思路

海岸带陆海统筹空间规划是在统筹海岸带陆地和海洋保护与利用活动的综合性区域空间规划。它是以海岸带地区陆地与海洋主体功能区规划为框架，在国家国土空间规划体系下，依照国土空间规划功能分类体系，以海岸带陆海保护与利用现状为基础，以海洋功能区划、土地利用规划为准则，统筹考虑陆海生态红线制度、海岸线保护与利用制度、围填海管控制度、污染物总量控制制度等管理制度要求，科学规划海岸带基本功能区布局，优化生产、生活和生态空间格局，统筹海洋和陆地保护与利用的范围、规模和秩序，严格保护海岸带生态环境，集约高效利用海岸带资源，维护海岸带生态安全，促进沿海地区经济社会与资源环境和谐发展。

海岸带陆海统筹空间规划的基本原则如下。

（1）坚持生态优先、保护优先。贯彻落实基于生态系统的综合管理理念，海岸带资源开发利用必须以资源环境承载能力为约束，以保证生态安全为前提，尊重自然、顺应自然、严格保护、规范开发。

（2）坚持陆海统筹、区域联动。依托海岸带区位特点，在空间功能分区、产业结构优化、生态环境保护、生态安全维护等领域坚持陆海统筹，实现流域-海域、流域上下游之间联动共治。

（3）坚持绿色发展、以人为本。推行海岸带资源开发的绿色化、生态化，最大限度地减小对海岸带生态环境、人居环境的影响，还岸于民、还海于民。

（4）坚持问题导向、因地制宜。沿海各省（市、区）要明确区域海岸带的自然禀赋、利用现状、保护问题，因地制宜、针对性地编制实施具有区域特色的规划。

海岸带陆海统筹空间规划是国土空间规划在海岸带区域的具体落实。它主要依据国土空间规划方案，将海岸带陆海空间统筹划分为生态空间、城镇空间和农渔业空间三大类一级功能区类型，并根据海岸带陆海空间保护与利用现状特点，将三大一级功能区类型进一步细化为若干个二级功能区，基本思路如下。

首先，以县级行政区（或乡镇级行政区）为基本空间单元，分析海岸带陆海空间各单元的土地利用结构和海域使用结构。根据海岸带土地利用结构分析和海域使用结构分析结果，将工业城镇用地单一主体结构乡镇、含有工业城镇用地的二元结构乡镇中的工业城镇用地、含有工业城镇用地的三元结构乡镇中的工业城镇用地以及工业与城镇建设用海区、港口航运区、特殊利用区初步划分为城镇空间；将农田单一主体结构乡镇、含有农田的二元结构乡镇中的农田、含有农田的三元结构乡镇中的农田以及农渔业区初步划分为农渔业空间，将林地单一主体结构乡镇和湿地单一主体结构乡镇、含有林地与湿地的二元结构乡镇中的林地与湿地、含有林地与湿地的三元结构乡镇中的林地与湿地，以及海洋保护区、保留区、旅游休闲娱乐区初步划分为生态空间。

其次，开展海岸带城镇建设适宜性评价、农渔业生产适宜性评价和生态重要性评价，将海岸带陆海功能空间初步整合矢量数据与城镇建设适宜性评估结果进行空间叠加，将城镇空间与城镇建设Ⅰ级适宜区重叠区域划分为城镇空间Ⅰ级适宜区，并根据适宜类型划分为城镇区、工业区、港口区和矿产区；将城镇空间与Ⅱ级适宜区重叠区域划分为城镇空间Ⅱ级适宜区，并根据适宜类型划分为城镇区、工业区、港口区和矿产区。将海岸带陆海功能空间初步整合矢量数据与生态重要性评价结果进行空间叠加，将生态空间与Ⅰ级生态重要性区重叠区域，结合陆海生态保护红线划定方案，划定为生态红线区；将生态空间与Ⅱ级生态重要性区重叠区域，划定为一般生态区和旅游休闲区。将海岸带陆海功能空间初步整合矢量数据与农渔业重要性评价结果进行空间叠加，将农渔业空间与Ⅰ级农渔业适宜性区重叠区域，结合基本农田划定方案，划定为基本农田区；将农渔业空间与Ⅱ级农渔业适宜性区重叠区域，划定为一般农田区；将农渔业空间与Ⅰ级农渔业适宜性区重叠区域，结合水产资源种质保护区、海洋牧场建设方案、重要水产养殖区分布等，划定为海洋牧场区；将农渔业空间与Ⅱ级农渔业适宜性区重叠的其他海域，划定为养殖捕捞区。

对于城镇空间与城镇建设Ⅲ级适宜区重叠区域，分析该区域生态重要性评估结果和农渔业适宜性评估结果，如果生态重要性评估结果高于城镇建设适宜性评估结果和农渔业适宜性评估结果，该区域优化为一般生态区；如果农渔业适宜性评估结果高于城镇建设适宜性评估结果和生态重要性评估结果，该区域优化为一般农业区或养殖捕捞区；如果城镇建设适宜性评估结果高于农渔业适宜性评估结果和生态重要性评估结果，则该区域为城镇建设Ⅲ级适宜区，并根据适宜类型划分为城镇区、工业区、港口区和矿产区。对于农渔业空间与农渔业Ⅲ级适宜区重叠区域，如果生态重要性评估结果高于城镇建设适宜性评估结果和农渔业适宜性评估结果，该区域优化为一般生态区或旅游休闲区；如果农渔业适宜性评估结果高于城镇建设适宜性评估结果和生态重要性评估结果，该区域优化为一般农业区或养殖捕捞区；如果城镇建设适宜性评估结果高于农渔业适宜性评估结果和生态重要性评估结果，则该区域为城镇建设Ⅲ级适宜区，并根据适宜类型划分为城镇区、工业区、港口区和矿产区。采用同样的方法处理生态空间与Ⅲ级生态重要性区重叠区域。

第三，以陆地主体功能区规划、海洋主体功能区规划为基本框架，统筹整合城市总体规划、生态环境保护规划、生态保护红线和海洋生态保护红线等各类空间规划，对初步划定的各类城镇空间、各类生态空间、各类农渔业空间进行空间布局优化。首先以生态空间为本底，勾绘山水相依，林湖共存，陆海互动的生态空间格局。在此基础上，勾绘陆海融合的农渔业空间格局，将陆地农田与海洋牧场汇总成陆海一体的农业新格局。最后优化提炼点轴衔接的城镇空间格局，将城镇空间格局镶嵌在海岸带生态空间格局之中，与农渔业空间格局互补共存。

第四，开展海岸带陆海资源环境承载力评价，并根据陆海资源环境承载力监测评价结果，寻找海岸带各个评价单元的资源环境承载力短板。在城镇空间，以资源环境承载力短板为依据，进一步优化城镇空间范围与格局，制定分类分区的城镇空间资源环境管控策略。在生态空间，针对资源环境承载力短板因素及成因分析，制定区域针对性生态环境保护、修复与补偿策略；在农渔业空间，分基本农田、一般农田、海洋牧场、养殖捕捞区，针对各类型各区域资源环境承载力的具体状况，制定差异化、精细化的资源环境承载力管控策略。

海岸带陆海统筹空间规划技术路线见图2-2。

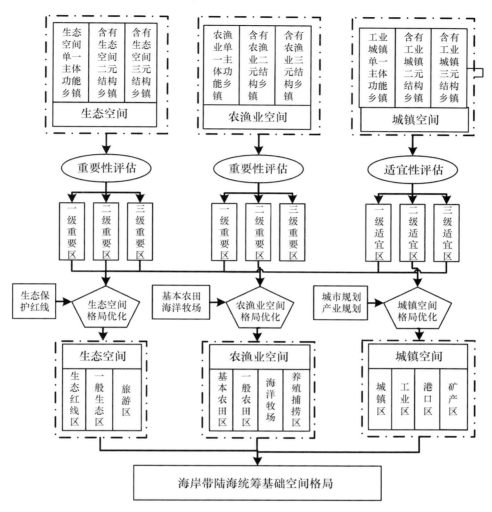

图 2-2　海岸带陆海统筹基础空间格局划定技术路线

第三节　海岸带陆海统筹空间规划与相关规划的关系

　　我国海岸带目前尚没有一体化的空间规划，而是分在几个主要的规划之中进行管理。主要有区域规划、国土规划、经济社会发展规划、主体功能区规划等宏观指导的战略性规划，以及城乡规划、土地利用总体规划、海洋功能区划、环境保护规划、生态红线规划、交通规划等专项指导性、约束性规划。其中与海岸带空间规划相关的主要为：主体功能区规划和海洋主体功能区规划、土地利用总体规划、城乡规划，以及海洋功能区划和一些专项规划。上述空间规划在海岸带地区共同作用，各有侧重，起到了很好的促进和推动发展作用。主体功能区规划是陆海空间保护与利用功能的总体定位与规划，分为重点开发区、优化开发区、限制开发区、禁止开发区四大功能区类型，总体上是对国土空间开发强度的分区限定；土地利用总体规划对土地利用结构和布局等进行统筹安排和用途管制，通过强调土地数量指标控制进行有效的空间引导，对其他规划提出的设想落地具有保障或约束作用；城市总体规划以建成区内的空间组织为重点着眼于城市建设和发展，其空间发展战略和发展方向亦为其他规划提供编制依据；各项专项规划与建设标准从更为专业、细致的角度提出了建设要求。

一、海岸带空间规划与主要相关规划关系分析

（1）海岸带空间规划与土地利用总体规划的关系。部分沿海省、市的土地利用总体规划中也提出了合理利用城市滨海岸线，差异化安排海岸沿线土地利用功能的规划要求。保护滨海地区的滩涂、湿地的物种多样性；对于水深条件良好的地区可作为港口建设及发展临港工业等的选址；对于城镇居住区内的海岸线，则要重视城市滨海景观带的建设。在围海造地方面，提出围海造地应坚持"因地制宜"的原则，宜农则农，宜建则建，并把围海造地纳入各级土地利用总体规划中，将围海造地形成的土地主要用于建设用地，以减少新增建设对农地的占用。海岸带产业布局投影在空间地域上，离不开土地利用规划，而未来海岸带产业的布局要统筹考虑海陆双重因素，在生态化建设方面更是要"以海定陆"。

（2）海岸带空间规划与城市总体规划的关系。本着实现城市海岸带资源得到最合理有效的利用的原则，滨海地区的城市总体规划对于海岸线功能利用和海岸资源保护管制政策也有所涉及，如制定海岸线保护与利用的目标，控制对自然岸线的占用，保持岸线生态和景观资源的完整，保障对岸线的合理开发利用，同时也要保证滨海城市景观。但对于滨海岸线的管理在城市总体规划中所占篇幅较小，也不属于《城市规划编制制办法》中城市总体规划的强制性内容。在我国城市规划体系较为健全又先于海岸带规划完成的情况下，海岸带规划如何摆正自己的位置，关键在于明确海岸带规划或者海岸带综合管理要解决的问题。此外，滨海地区的旅游部门编制的滨海旅游发展规划、林业部门编制的沿海防护林和红树林规划以及港口交通部门编制的港口总体规划等都涉及海岸带地区，是海岸带规划在某一领域的深化与补充。

（3）海岸带空间规划与海洋主体功能区规划的关系。2015年，国务院印发了《全国海洋主体功能区规划》，其中将提高海洋空间利用效率作为规划目标之一，期望通过规划的实施，优化近岸海域空间布局，构建陆海统筹、人海和谐的海洋空间开发格局。主体功能区规划对于海域海岸带空间管制规划的探索具有重要支撑作用。首先，海洋主体功能区规划明确了陆海统筹原则，强调海洋国土与陆地国土空间主体功能区的协调，提出岸线、海岛、河口湿地、近岸海域等的管制要求，为梳理空间影响要素提供了思路借鉴。其次，主体功能区类别的划分具有参考和指导价值。但是，主体功能区规划属于战略层面的规划，强调宏观指导性，对于一个城市的海域海岸带空间保护开发而言线条过粗，规划的针对性和实践指导意义仍显不足，需要在下一层次规划中深化细化。

（4）海岸带空间规划与海洋功能区划的关系。海洋功能区划是根据海域区位、自然资源、环境条件和开发利用的要求，按照海洋功能标准将海域划分为不同类型的功能区，目的是为海域使用管理和海洋环境保护工作提供科学依据，为国民经济和社会发展提供用海保障。海洋功能区划确定了海域的主导功能，在进行海岸带综合规划同时要以符合海洋功

能区划为基准，突出生态优先，统筹考虑海陆要素以维护国家生态安全，海域功能划定要与陆域现状相衔接。海岸带规划范围上基本覆盖海洋功能区划，但是更强调海陆统筹因素的考虑，并着重于未来发展情景的规划。

（5）海岸带空间规划与海岸线保护与利用规划的关系。海岸带涉及的范围相对较大，主要通过各有关部门的综合性管理来加强保护。岸线因其海陆作用和伴有如滩涂湿地、红树林等生态关键区的分布而在生态系统中处于既重要又脆弱的地位，大量人类活动如港口建设、水产养殖和临海工业集中在岸线开发，因此对于岸线应该有特殊的功能定位以及管理保护措施。海岸线规划是海岸带规划在岸线领域的细化，要符合海岸带综合规划。

此外，海洋主管部门编制的海洋经济发展规划、海洋环境保护规划、海岛保护规划等都涉及海岸带地区，是海岸带规划在某一领域的深化与补充。海岸带综合规划对相关专项规划具有指导作用。

二、海岸带空间规划与相关规划协调途径

由于海岸带空间规划涉及多部门、多行业、多领域，在海岸带综合管理机制体制尚未完全理顺的情况下，海岸带陆海统筹空间规划是实现统筹兼顾、全面协调的一个载体，其作用是十分重要的，但在规划编制、规划实施、规划体系、规划体制机制等方面还存在一些问题，需要加以研究并逐步解决。需要尽快分析提出如何实现海岸带陆海统筹空间规划与其他规划的衔接和结合，分析海岸带陆海统筹空间规划跨系统和部门特征，研究与相关规划编制的衔接途径。海岸带陆海统筹空间规划与其他规划的衔接和结合可以借鉴"多规合一"的基本理念和思路，在区域尺度实现海岸带地区的"多规合一"。

就解决多规矛盾的具体路径而言：其一是"多规合一"。从规划的执行部门整合入手，把过去由多个部门分别执行的规划编制，交由一个部门来做，该部门要有一定的权力和政策支持，通过内部管理规范和工作制度，将原来多个规划有效整合成为一个更具统筹性的规划，核心是化"多"为"一"。另一种方法则是"多规融合"。通过建立相应的工作机制和工作小组，通过协调各部门资源来消除多规之中存在的冲突，使多个规划之间的发展目标、编制标准等达成一个让大家普遍认可并易于执行的工作框架。此法仍然保持多个规划的既有独立性，只是从多规之间的对接内容上做协调整合，即通过多部门的协调逐步解决，最终达到多个规划在内容和目标上的统一，核心是"独立编制、融为一体"。从操作层面来讲，"多规合一"对现行行政体系变革要求较大，对主导规划的发改、规划、国土和环保各部门的冲击更强。目前，以全国主体功能区规划和海洋主体功能区规划为基础，编制"全国海岸带综合保护与利用总体规划"，以"多规融合"改革为手段优化海洋空间开发与保护格局更为合适。

编制海岸带陆海统筹空间规划，重点通过技术途径与管理途径解决衔接与结合问题，技术途径解决与已有规划成果的衔接问题，管理途径是探索建立实施规划的行政管理与体制机制，可分为技术途径、行政途径与机制途径三个方面。

（1）技术途径

统一规划体系——统一规划体系的关键是要强化总体规划、调整区域规划、整合专项规划，形成纵向衔接、横向协调、定位清晰、互为支撑的规划体系。建议海岸带规划建立一套有机衔接的规划分区体系，宏观上符合经济与社会发展规划战略方向，协调海陆主体功能区划指导方向。微观上衔接土地利用总体规划、城乡规划、环境保护规划、海洋功能区划等约束性规划。形成从全域宏观，要素形成微观的面向实施的空间规划分区体系。

统一技术标准——着眼微观要素，对坐标系统、高程系统、空间尺度和数据格式进行统一。建立海陆、各部门约束性规划衔接的接口技术规则。区域发展总体规划和多部门领域规划编制，需要大量的基础数据，而这些数据大部分有需要数据挖掘。这些不断变化的基础数据为规划编制带来一定的困难，需要规定一个统一的数据获取时间，一般按人口普查、企业普查、土地普查时间为准进行协调。各个规划要形成一个口径的自然资源、人口、经济、土地、社会等统计口径与数据库，所有规划编制依托的数据都来自于此，统一基础图件、基础数据库和建设用地图斑，确保各类规划目标实施的一致性。规划目标数据也要统一，并进行动态更新。

统一信息平台——面向多规融合的协同规划技术包括多规融合的框架体系构建、多规数据融合相关标准技术、多规冲突探查与处理技术、多规融合信息平台构建技术、协同规划编制技术、多规融合的城乡规划技术规范与设局导则、协同规划平台建设。在"多规合一"工作开展中，通过建设地理信息联动平台，构建统一的基础地理信息库、统一的规划编制底图，统一的协同工作机制，统一的监督反馈体系，从空间上支撑各类规划的编制与实施。

（2）行政途径

成立海岸带保护与利用管理工作领导小组，由省长任组长，分管副省长任副组长，省人民政府及沿海市、县人民政府发展和改革、财政、国土资源、环境保护、住房和城乡建设、交通运输、林业、水利、海洋与渔业、旅游以及其他有关部门负责人任小组成员，按照各自职责，密切配合，做好海岸带保护与利用的管理工作。合理确定各级政府和部门分工，建立健全海岸带综合管理协调机制。省级自然资源厅、省级发展改革委牵头推进规划实施和相关政策落实，监督检查工作进展情况。

省直有关部门及各市人民政府制定发展战略、产业政策以及编制相关规划，涉及海岸带保护和利用的内容，必须与本规划协调一致。沿海市、县人民政府应当加强对海岸带保护与利用管理工作的统一领导，并将海岸带保护与利用纳入本行政区域国民经济和社会发展规划，发改、经信、财政、国土资源、环境保护、住房和城乡建设、交通运输、林业、水利、海洋与渔业、旅游以及其他有关部门应当按照各自职责，密切配合，做好海岸带保护与利用的管理工作。

建立海岸带综合管理联席会议制度，协调和解决海岸带保护与利用工作中的重大问题，联席会议的日常工作由同级人民政府自然资源主管部门承担。领导小组根据工作需要不定期召开会议，将规划中具体工作分解落实到各市相关责任部门，由省自然资源厅统一监管，并负责海岸带陆海空间的日常监管工作。

建立健全海岸带规划支持信息系统，动态监测规划功能板块变化情况，形成快速反应和综合调控机制。加快制定有利于海岸带可持续发展的监测评估体系，实施动态监测与跟踪分析，开展规划评估和专项监测，推动规划顺利实施，构建海岸带综合利用的科技支撑体系。

（3）机制途径

借鉴国际海岸带管理的经验，只有通过立法程序，将规划上升为法律，才能更好地解决跨部门的协调问题，才能使规划成为真正意义上的规范沿海城市建设、海岸带开发与管理的工具。在国家层面应及早制定海岸带管理的法规，要求各个沿海省、城市应编制地方海岸带规划，根据各地区社会经济发展条件的不同，明确海岸带地区的范围，并应在法规中明确规定海岸带地区建设活动应同时申请海岸建设许可证。

加强陆海统筹、产业布局、环境保护、区域协调管理的制度建设。通过制定相关管理条例，保障陆海统筹，解决陆源污染、跨界污染问题，为海岸带管理和海洋生态环境的保护提供重要和直接法律依据。构建区域内协调管理机制，整合各方面力量，加强海陆源污染物的有效管理，实现最大限度的合作。

对区域环境保护、防洪减灾、危险废物处理处置等基础设施的统一规划布局，联合建设，降低开发成本，提高投资效益，集约利用资源，促进行政区域的分工协作，优势互补，实现资源的有效整合，进一步提升区域的整体竞争能力。

第三章　海岸带陆海统筹空间功能区分类

第一节　海岸带陆地空间规划功能区分类

海岸带陆地相关空间类规划分为主体功能区规划、土地利用总体规划、城市规划等，其中以土地利用总体规划最具代表性。土地利用总体规划是在一定区域内，依据社会经济发展要求及当地自然环境、经济社会条件，对今后一段时间内土地开发利用的总体安排布局，是实行土地用途管制的基础。《中华人民共和国土地管理法》明确规定："国家编制土地利用总体规划，规定土地用途，将土地分为农用地、建设用地和其他土地。严格限制农用地转为建设用地，控制建设用地总量，对耕地实行特殊保护。使用土地的单位和个人必须严格按照土地利用总体规划确定的土地用途使用土地。"

一、土地利用总体规划分类

我国土地利用规划分为全国、省（自治区、直辖市）、市（地）、县（市）和乡（镇）五级，即五个层次。上下级规划必须紧密衔接，上一级规划是下级规划的依据，并指导下一级规划，下级规划是上级规划的基础和落实。土地利用总体规划的成果包括规划文件、规划图件及相应的附件。土地利用规划将陆地国土空间分为农用地、建设用地和其他土地3个一级类型；耕地、园地、林地、牧草地、其他农用地、城乡建设用地、交通水利用地、其他建设用地、水域、自然保留地10个二级类型，具体见表3-1。

表3-1　土地利用总体规划分类体系

一级类型	二级类型	三级类型
1. 农用地：指直接用于农业生产的土地	1.1 耕地：指种植农作物的土地，包括熟地、新开发复垦整理地、轮休地、轮歇地、草田轮作地、以种植农作物为主，间有零星果树、桑树或其他树木的土地，平均每年能保证收获一季的已垦滩涂和海涂。耕地中还包括南方宽小于1.0 m，北方宽小于2.0 m的沟、渠、路、田埂	1.1.1 水田：指用于种植水稻、莲藕等水生农作物的耕地，包括实行水生、旱作农作物轮种的耕地
		1.1.2 水浇地：指有水源保证和浇灌设施，在一般年景能正常灌溉，种植旱生农作物的耕地，包括种植蔬菜等非工厂化的大棚用地
		1.1.3 旱地：指无灌溉设施，主要靠天然降水种植旱生农作物的耕地，包括没有灌溉设施，仅靠引洪淤灌的耕地
	1.2 园地：指种植以采集果、叶、根、茎等为主的集约经营的多年生木本和草本作物（含其苗圃），覆盖度大于50%或每亩有收益的株数达到合理株数的70%的土地	
	1.3 林地：指生长乔木、竹类、灌木、沿海红树林的土地，不包括居民点内的绿化用地，以及铁路、公路、河流、沟渠的护路、护岸林	
	1.4 牧草地：指以生长草本植物为主，用于畜牧业的土地	

一级类型	二级类型	三级类型
1. 农用地：指直接用于农业生产的土地	1.5 其他农用地：指上述耕地、园地、林地、牧草地以外的土地	1.5.1 设施农用地：指直接用于经营性养殖的畜禽舍、工厂化作物栽培或水产养殖的生产设施用地，以及相应的附属用地，农村宅基地以外的晾晒场等农业设施用地
		1.5.2 农村道路：指公路用地以外南方宽度不小于 1.0 m，北方宽度不小于 2.0 m 的村间、田间道路（含机耕道）
		1.5.3 坑塘水面：指人工开挖或天然形成的蓄水量小于 $10\times10^4\ m^3$ 的坑塘常水位岸线所围成的水面
		1.5.4 农田水利用地：指农民、农民集体或其他农业企业自建或联建的农田排灌沟渠及其相应附属设施用地
		1.5.5 田坎：主要指耕地中南方宽度不小于 1.0 m，北方宽度不小于 2.0 m 的地坎
2. 建设用地：指建造建筑物、构筑物的土地	2.1 城乡建设用地：指城镇、乡村区域已建造建筑物、构筑物的土地，包括城市、建制镇、农村、采矿用地和其他独立建设用地	2.1.1 城市：指城市居民点，以及与城市连片的和区政府、县级市政府所在地镇级辖区内的商服、住宅、工业、仓储、学校等企事业单位用地
		2.1.2 建制镇：指建制镇居民点，以及辖区内的商服、住宅、工业、仓储、学校等企事业单位用地
		2.1.3 农村：指农村居民点，以及所属的商服、住宅、工业、仓储、学校等企事业单位用地
		2.1.4 采矿用地：指独立于居民点以外的采矿、采石、采砂场，砖瓦窑等地面生产用地及尾矿堆放地（不含盐田）
		2.1.5 其他独立建设用地：指采矿地以外，对气候、环境、建设有特殊要求及其他不宜在居民点内配置的各类建筑用地
	2.2 交通水利用地：指城乡居民点之外的交通运输用地和水利设施用地，其中交通运输用地指用于运输通行的地面线路、场站等用地，包括铁路、公路、民用机场、港口码头、管道运输及其附属设施用地，水利设施用地指用于水库水面、水工建筑的土地	2.2.1 铁路用地：指用于铁路线路、轻轨、场站的用地，包括设计内的路堤、路堑、道沟、桥梁、林木等用地
		2.2.2 公路用地：指用于国道、省道、县道和乡道建设的土地，包括设计内的路堤、路堑、道沟、桥梁、林木及直接为其服务的附属设施用地
		2.2.3 民用机场：指用于建设民用机场的土地
		2.2.4 港口码头：指用于人工修建的客运、货运、捕捞及工作船舶停靠的场所及其附属建筑物用地，不包括常水位以下部分
		2.2.5 管道运输：指用于运输煤炭、石油、天然气等管道及其附属设施地上部分的用地
		2.2.6 水库水面：指人工拦截汇集而成的总库容大于 $10\times10^4\ m^3$ 的水库正常蓄水位岸线所围成的水面
		2.2.7 水工建筑用地：指除农田水利用地以外的人工修建的沟渠、闸、坝、堤、水电站、扬水站等常水位岸线以上的水工建筑用地

续表

一级类型	二级类型	三级类型
2. 建设用地：指建造建筑物、构筑物的土地	2.3 其他建设用地：指城乡建设用地范围之外的风景名胜设施用地、特殊用地、盐田	2.3.1 风景名胜设施用地：指城乡建设用地范围之外的风景名胜（包括名胜古迹、旅游景点、革命遗迹等）景点及管理机构建筑用地
		2.3.2 特殊用地：指城乡建设用地范围以外的，用于军事设施、涉外、宗教、监教、殡葬等土地
		2.3.3 盐田：指以经营盐田为目的，包括盐场及其附属设施用地
3. 其他土地：指农用地和建设用地以外的土地	3.1 水域：指陆地河流、湖泊、苇地、滩涂等水域用地，不包括滞洪区和已垦滩涂中的耕地、园地、林地、居民点、道路等用地	
	3.2 自然保留地：指目前还未利用的土地，包括难利用的土地	

二、城市规划用地分类

城市规划将城市土地划分为居住用地、公共设施用地、工业用地、仓储用地、对外交通用地、道路广场用地、市政公共设施用地、绿地、特殊用地、水域和其他用地 10 个一级用地类型，每个一级用地类型下又分为若干个二级用地类型和三级用地类型。如居住用地分为一类居住用地、二类居住用地、三类居住用地、四类居住用地 4 个二级用地类型；每个二级居住用地类型又进一步分为住宅用地、公共服务设施用地、道路用地、绿地 4 个三级用地类型。公共服务设施用地分为行政办公用地、商业金融业用地、文化娱乐用地、体育用地、医疗卫生用地、教育科研设计用地、文物古迹用地、其他公共设施用地 9 个二级用地类型；商业金融业用地可进一步划分为商业用地、金融保险业用地、贸易咨询用地、服务业用地、旅游业用地、市场用地 6 个三级用地类型。城市规划用地分类具体可参考《城市规划用地分类和用地代码一览表》。

第二节　海岸带海洋空间规划功能区分类

海洋功能区划制度是我国海洋空间开发利用和生态环境保护的基本空间规划，也是《中华人民共和国海域使用管理法》依法确立的我国海域使用综合管理的三项基本制度之一。我国海洋功能区划分为全国海洋功能区划、省级海洋功能区划、市县级海洋功能区划。全国海洋功能区划和省级海洋功能区划由国务院批准执行。市县级海洋功能区划是以全国海洋功能区划和省级海洋功能区划为基础，对其进一步细化和海洋空间开发与保护方案的具体制定，由省级人民政府批准执行，是市县级海洋空间开发与保护的具体依据。

海洋功能区划将近岸海域划分为农渔业区、港口航运区、工业与城镇建设用海区、矿产与能源区、旅游休闲娱乐区、海洋保护区、特殊利用区和保留区 8 个一级海洋功能区，每个一级海洋功能区又划分为若干个二级海洋功能区，具体见表 3-2。

表 3-2 海洋功能区划分类体系

一级类海洋功能区		二级类海洋功能区	
代码	名称	代码	名称
1	农渔业区	1.1	农业围垦区
		1.2	渔业基础设施区
		1.3	养殖区
		1.4	增殖区
		1.5	捕捞区
		1.6	重要渔业品种养护区
2	港口航运区	2.1	港口区
		2.2	航道区
		2.3	锚地区
3	工业与城镇建设用海区	3.1	工业建设区
		3.2	城镇建设区
4	矿产与能源区	4.1	油气区
		4.2	固体矿产区
		4.3	盐田区
		4.4	可再生能源区
5	旅游休闲娱乐区	5.1	风景旅游区
		5.2	文体娱乐区
6	海洋保护区	6.1	海洋自然保护区
		6.2	海洋特别保护区
7	特殊利用区	7.1	军事区
		7.2	其他特殊利用区
8	保留区	8.1	保留区

一、农渔业区

农渔业区是指适于拓展农业发展空间和开发海洋生物资源，可供农业围垦，渔港和育苗场等渔业基础设施建设，海水增养殖和捕捞生产，以及重要渔业品种养护的海域，包括农业围垦区、渔业基础设施区、养殖区、增殖区、捕捞区和重要渔业品种养护区。

农业围垦需适度控制规模，科学安排进度；渔港及远洋基地建设应节约集约利用海域空间；确保传统养殖用海稳定，支持集约化海水养殖和现代化海洋牧场发展。加强海洋水产种质资源保护，强化渔业资源产卵场、索饵场、越冬场及洄游通道内各类用海活动管控，禁止建闸、筑坝以及妨碍鱼类洄游的其他活动。防治海水养殖污染，防范外来物种侵害，保持海洋生态系统结构与功能的稳定。农业围垦区、渔业基础设施区、养殖区、增殖区执行不劣于二类海水水质标准；渔港区执行不低于现状的海水水质标准；捕捞区、重要渔业品种养护区执行不劣于一类海水水质标准。

二、港口航运区

港口航运区是指适于开发利用港口航运资源，可供港口、航道和锚地建设的海域，包括港口区、航道区和锚地区。

港口航运区要深化港口岸线资源整合，优化港口布局，合理控制港口建设规模，重点保障全国沿海主要港口的用海需求。堆场、码头等港口基础设施及临港配套设施建设用围填海应集约高效利用岸线和海域空间。维护沿海主要港口、航运水道和锚地水域功能，保障航运安全。港口的岸线利用、集疏运体系等要与临港城市的城市总体规划做好衔接。港口建设应减少对海洋水动力环境、岸滩及海底地形地貌的影响，防止海岸侵蚀。港口区执行不劣于四类海水水质标准；航道、锚地、新建港口和邻近海洋生态敏感区的港口区执行不低于现状海水水质标准。

三、工业与城镇建设用海区

工业与城镇建设用海区是指适于发展临海工业与建设滨海城镇的海域，包括工业建设用海区和城镇建设用海区。工业与城镇建设用海区主要分布在沿海大、中城市和重要港口毗邻海域。

工业与城镇建设用海区优先满足国家区域发展战略实施的建设用海需求，重点支持国家级综合配套改革试验区、经济技术开发区、高新技术产业开发区、循环经济示范区、保税港区等的用海需求。重点保障国家产业政策鼓励类产业用海，鼓励海水综合利用，严格限制高耗能、高污染和资源消耗型工业项目用海。工业和城镇建设围填海应突出节约、集约用海原则，做好与土地利用总体规划、城乡规划、河口防洪与综合整治规划等的衔接，合理控制规模，优化空间布局，提高海域空间资源的整体使用效能，倡导离岸、人工岛式围填，减少对海洋水动力环境、岸滩及海底地形地貌的影响，防止海岸侵蚀。工业区应落实环境保护措施，严格实行污水达标排放，避免工业生产造成海洋环境污染，新建核电、石化等危险化学品项目应远离人口密集的城镇。城镇建设用海区应注重对自然岸线和海岸景观的保护，保障民生工程用海，维护公共海域，营造宜居的海岸生态环境。工业与城镇建设用海区执行不劣于三类海水水质标准。

四、矿产与能源区

矿产与能源区是指适于开发利用矿产资源与海上能源，可供油气和固体矿产等勘探、开采作业，以及盐田和可再生能源等开发利用的海域，包括油气区、固体矿产区、盐田区和可再生能源区。

矿产与能源区重点保障油气资源勘探开发的用海需求，支持海洋可再生能源开发利用，稳定盐田规模，控制盐田转为建设用海。遵循深水远岸布局原则，科学论证与规划海上风电，促进海上风电与其他产业协调发展。禁止在海洋保护区、侵蚀岸段、防护林带毗邻海域及重要经济鱼类的产卵场、越冬场和索饵场开采海砂等固体矿产资源。严格执行海洋油气勘探开采中的环境管理要求，油气区执行不低于现状海水水质标准；固体矿产区执行不劣于四类海水水质标准；盐田区和可再生能源区执行不劣于二类海水水质标准。

五、旅游休闲娱乐区

旅游休闲娱乐区是指适于开发利用滨海和海上旅游资源，可供旅游景区开发和海上文体娱乐活动场所建设的海域。包括风景旅游区和文体休闲娱乐区。旅游休闲娱乐区主要为沿海国家级风景名胜区、国家级旅游度假区、国家级地质公园、国家级森林公园等的毗邻海域及其他旅游资源丰富的海域。

旅游休闲娱乐区鼓励发展海洋生态和海洋文化旅游，支持邮轮游艇产业发展。旅游休闲娱乐区开发建设要合理控制规模，优化空间布局，有序利用海岸线、海湾、海岛等重要旅游资源；严格落实生态环境保护措施，保护海岸自然景观和沙滩资源，避免旅游活动对海洋环境造成污染。保障现有城市生活用海和旅游休闲娱乐区用海，禁止非公益性设施占用公共旅游资源。开展城镇周边海域海岸带整治修复，形成新的适宜人们游览、休憩的旅游休闲娱乐区。旅游休闲娱乐区执行不劣于二类海水水质标准。

六、海洋保护区

海洋保护区是指专供海洋资源、环境和生态保护的海域。包括海洋自然保护区和海洋特别保护区。

依据国家有关法律法规进一步加强现有海洋保护区管理，严格限制保护区内影响干扰保护对象的用海活动，维持、恢复、改善海洋生态环境和生物多样性，保护自然景观。加强海洋特别保护区管理，推进海洋公园建设。在海洋生态系统典型、海洋地理条件特殊、海洋资源丰富的近海、远海和群岛海域，新建一批海洋自然保护区和海洋特别保护区，进一步增加海洋保护区面积。近期拟选划为海洋保护区的海域应禁止开发建设。逐步建立类型多样、布局合理、功能完善的海洋保护区网络体系，促进海洋生态保护与周边海域开发利用的协调发展。海洋自然保护区执行不劣于一类海水水质标准；海洋特别保护区执行与各使用功能相应的海水水质标准。

七、特殊利用区

特殊利用区是指供军事及其他特殊用途排他使用的海域。包括军事区，以及用于海底管线铺设、路桥建设、污水达标排放、倾倒等的其他特殊利用区。

限制进入军事区及在军事区内从事海洋开发利用活动，并协调好临时性军事用海与生产用海之间的关系。在海底管线、跨海路桥和隧道用海范围内严禁建设其他永久性建筑物，从事各类海上活动必须保护好海底管线、道路桥梁和海底隧道。倾倒区重点保证国家大中型港口、河口航道建设和维护的疏浚物倾倒需要。对于污水达标排放和倾倒用海，要加强监测、监视和检查，防止对周边功能区环境质量产生影响。

八、保留区

保留区是指目前功能尚未明确，有待通过科学论证确定具体用途的海域。

保留区应加强管理，严格限制改变海域使用现状。确需开发利用的，须在严格规划和论证的前提下，依法组织听证，向社会公示，经批准后方可开发利用。在区划期限内严格限制保留区内开展显著改变海域自然属性的用海活动，并确保不对毗邻海域功能和开发利用活动产生明显不利影响。保留区执行不低于现状海水水质标准。

海洋主体功能区规划是海洋领域另一个重要的空间规划。海洋主体功能区规划按照全国主体功能区规划的分区分类体系，只将全部海洋空间划分为优化开发区、重点开发区、限制开发区和禁止开发区四大类空间类型，没有进一步的二级、三级分类。目前已经印发的有《全国海洋主体功能区规划》以及沿海省级海洋主体功能区规划。

第三节　海岸带陆海统筹空间规划功能区分类

海岸带陆海统筹空间规划以海岸带陆地和海洋总体空间为基础，根据海岸带生态系统特征与开发利用现状，以陆地主体功能区规划和海洋主体功能区规划为指导，衔接土地利用规划、海洋功能区划、城市发展规划，科学确定海岸基本功能、保护与开发利用方向及管理要求，精细划分海岸带保护与利用类型，强化海岸带分类保护与科学利用。根据国土空间规划试点方案提出的"三区三线"划分思路，将海岸带陆域空间划分为生态空间、农业空间和城镇空间"三区"。在生态空间划定生态保护红线；在农业空间划定永久基本农田保护线；在城镇空间划定城镇开发边界线，形成海岸带陆地"三区三线"。将海岸带海洋空间划分为建设用海空间、海洋农渔业空间和海洋生态空间"三区"。在建设用海空间划定围填海控制线；在海洋农渔业空间划定海洋牧场保障线；在海洋生态空间划定海洋生态红线，形成海岸带海域"三区三线"。海岸带"三区三线"划分内涵见图3-1。

统筹海岸带陆地城镇空间和海洋建设用海空间为海岸带城镇空间，明确利用方向、开

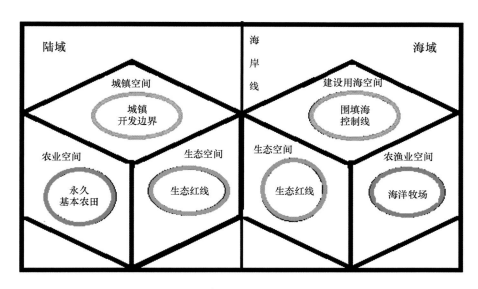

图 3-1 海岸带 "三区三线" 划分内涵

发强度及保护要求，引导产业聚集发展；统筹海岸带陆地农业空间和海洋农渔业空间为海岸带农渔业空间，严格限制开发强度，合理控制近海养殖容量，以海定陆，有效控制陆源入海污染，集约高效利用；统筹海岸带陆地生态空间和海洋生态空间为海岸带生态空间，禁止各类人类活动建设占用，维护生态空间环境质量，有序整治修复与恢复生态系统服务功能。海岸带陆海统筹空间规划的 "三区" 功能区分类体系及保护与利用管控要求见表3-3。

表 3-3 海岸带陆海统筹空间规划功能区分类体系及管控要求

一级功能区类型	二级功能区类型	三级功能区类型	保护与利用管控要求
城镇空间	城镇区	城市区	根据人口与社会经济发展需求，合理控制开发规模，集约/节约用地用海，加强自然海岸线与海岸景观保护，维护人民群众亲海需求，营造宜居的海岸生态环境，建设现代滨海新城
		城镇区	
	工业区	产业园区	根据产业规划与发展需求，合理控制开发规模，集约/节约用地用海，加强自然海岸线与海岸景观保护，严控工业污废排海，打造绿色滨海产业园区
		一般工业区	
	港口区	商港区	合理控制规模和节奏，优化空间布局，集约节约利用海岸线资源，保护自然海岸生态功能，维护沿海主要港口、航运水道和锚地水域功能，保障航运安全
		渔港区	
	矿产区	陆地矿产区	集约高效利用国土空间资源，改进生产工艺，提效增产；加强矿产资源开采监管，防止矿产开采影响生态环境与毗邻国土空间资源及其开发利用活动；建立海上溢油等矿产开发风险防控措施；及时拆除废弃矿产开采构筑物及其他设施，恢复矿产开发区域原有自然生态环境
		海洋矿产区	

一级功能区类型	二级功能区类型	三级功能区类型	保护与利用管控要求
农渔业空间	基本农田区	永久基本农田	严格保护永久基本农田，严守耕地红线，坚持耕地占补平衡，数量与质量并重
	一般农田区	耕地区	农业生产坚持因地制宜，在农业生产适宜区，稳定发展有比较优势、区域性特色农业；在生态脆弱区，退耕还林还草，修复农业生态系统功能；农业围垦要控制规模与用途，严格按照围填海计划和自然淤涨情况科学安排进度
		园地区	
		围垦区	
	海洋牧场区	增殖型海洋牧场	积极推动现代化海洋牧场建设，按照生态学原理，科学设计规划海洋牧场，修复与养护渔业资源及其关键生境，提高海洋生态系统自然生产功能，维护海洋生态环境整体服务功能
		养护型海洋牧场	
		休闲型海洋牧场	
	养殖捕捞区	养殖区	近岸退养海滩，拓展深远海养殖功能区，确保水产品供给稳定，支持集约化海水养殖发展；
		捕捞区	控制捕捞强度，严格执行伏季休渔制度，养护渔业资源
生态空间	生态红线区	森林与草地保护区	以生态保护为主，鼓励开展海岸带各类生态系统整治与生态修复。严格禁止不符合生态保护功能定位的各类开发活动；严格禁止倾倒有毒有害物质、废弃物、垃圾或挖砂、采矿；严格禁止滥采滥捕野生动植物，破坏野生动物栖息地和迁徙通道、鱼类洄游通道及其他破坏湿地及其生态功能的活动。禁止围填海、采挖海砂、占用自然海岸线、设置直排排污口及其他可能破坏海岸带生态功能的开发活动
		河流及河口保护区	
		海洋及海岛保护区	
		湿地与滩涂保护区	
		其他区域	
	一般生态区	森林与草地	海洋一般生态区禁止围海、填海造地占用自然滩涂、海域、海岸线；陆地一般生态区禁止破坏、占用森林、湿地、草地等重要生态空间；禁止在风景名胜区核心景区建设与风景名胜区资源保护无关的项目。禁止矿产资源开发活动和大规模农业开发活动；禁止印染、造纸、印刷等制造业；禁止房地产开发活动
		河流及河口	
		湖泊与水库	
		海洋及海岛	
		湿地与滩涂	
		其他生态区	
	旅游休闲区	滨海旅游区	合理控制规模，优化空间布局，有序利用历史文化遗迹、山林、河流、海岸线、海湾、海岛等重要旅游资源。严格落实生态环境保护制度，保护自然生态景观和各类旅游资源，禁止非公益性设施占用公共旅游资源，保障旅游娱乐产业用地用海需求
		其他旅游区	

　　海岸带陆海统筹空间规划总体上可将海岸带陆海空间划分为城镇空间、农渔业空间、生态空间 3 个一级功能区类型。城镇空间可进一步划分为城镇区、工业区、港口区、矿产区 4 个二级功能区类型；农渔业空间可进一步划分为永久基本农田区、一般农田区、海洋牧场区、养殖捕捞区 4 个二级功能区类型；生态空间可进一步划分为生态红线区、一般生态区、旅游休闲区 3 个二级功能区类型。在二级功能区类型下可根据需要进一步划分三级功能区类型，例如城镇区可划分为城市区和城镇区 2 个三级功能区类型；生态红线区可划分为森林与草地保护区、河流及河口保护区、海洋及海岛保护区、湿地与滩涂保护区、其他区域 5 个三级功能区类型；一般生态区可进一步划分为森林、草地、河流、水库、湖泊、滩涂、湿地、海岛、海湾、河口等三级功能区类型，海岸带陆海统筹空间规划的空间功能分类体系见图 3-2。

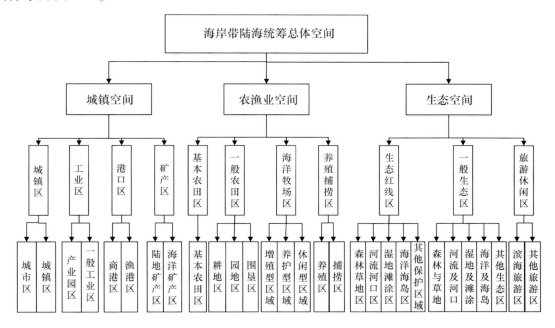

图 3-2　海岸带陆海统筹空间规划功能区分类体系

第四章　海岸带陆海统筹空间规划分析评价方法

第一节　海岸带保护与利用现状分析方法

"3S"技术是指遥感（Remote Sensing，RS）技术、地理信息系统（Geographical Information System，GIS）技术和全球定位系统（Global Position System，GPS）技术。其中，遥感（RS）技术具有获取数据周期短、视域广、信息量大、实时性强、精度较高和成本低的特点；地理信息系统（GIS）具有强大的信息管理、处理和分析功能；全球定位系统（GPS）可进行高精度全球定位。GIS技术提供了强大的空间数据的管理、处理、分析以及可视化功能，为具有空间属性的海岸带保护与利用评价工作提供了强有力的支持。"3S"技术是海岸带保护与利用现状分析的基本技术，GIS技术可对海岸带保护、开发利用与需求规划的多方面、多学科海量数据进行综合管理与评价，并借助其空间分析功能可实现评价模型中多指标的复杂计算和基本功能单元的逐级确定。利用最新高空间分辨率卫星遥感影像（RS）和GPS地面定位技术，对叠加整合后的海岸带保护与开发利用基本现状进行核实。根据卫星遥感影像更新海岸带土地利用变化较大的区域和海域使用变化较大的区域，尤其是未确权的大规模围填海区域。修改形成最新海岸带保护与开发利用现状数据，作为海岸带保护与利用规划编制数据分析的基础数据。

一、土地利用现状分析方法

1. 土地利用类型整合

由于海岸带区域土地利用规划类型和土地利用现状类型分类较多，分析相对复杂，为了便于海岸带土地利用结构分析，根据土地利用一级类型及其使用特征进行类型归并。经过归并，土地利用规划总体归并为工业城镇用地、交通运输用地、农田、林地、湿地、自然保留地和其他利用类型；土地利用现状类型归并为工业城镇用地、交通运输用地、农田、林地、湿地和其他。土地利用现状类型的归并方案见表4-1。

表4-1　土地利用现状类型归并方案

序号	归并类型	土地利用类型
1	工业城镇用地	城市
		建制镇
		水工建筑用地

续表

序号	归并类型	土地利用类型
2	交通运输用地	港口码头用地
		管道运输用地
		公路用地
		铁路
3	农田	茶园
		果园
		旱地
		其他园地
		村庄
		农村道路
		设施农用地
		水田
4	林地	灌木林地
		其他林地
		有林地
5	湿地	沟渠
		河流水面
		坑塘水面
		内陆滩涂
		水库水面
		沿海滩涂
6	其他	采矿用地
		风景名胜及特殊用地
		裸地
		其他草地
		盐碱地

2. 土地利用结构分析方法

在土地利用规划数据和土地利用现状数据类型归并基础上，按照不同的海岸带行政单元（乡/镇、县、市）进行土地利用结构分析，土地利用结构分析方法如下。

（1）一个区域某一土地利用类型面积比例大于60%，则该土地利用类型为主体土地利用类型，区域土地利用结构为该土地利用类型的强单一主体结构。

（2）一个区域某一土地利用类型面积比例大于50%，其他土地利用类型的面积比例都小于 30%，区域土地利用结构为该土地利用类型的弱单一主体结构。

（3）一个区域某一土地利用类型面积比例小于 50%，另一种土地利用类型的面积比例都大于 30%，区域土地利用结构为这两种土地利用类型组成的近二元结构。

（4）一个区域有两种土地利用类型的面积比例大于 20% 而小于 50%，则这两种土地利用类型为主体土地利用类型，区域土地利用结构为这两种土地利用类型组成的二元结构。

（5）一个区域有 3 种或 3 种以上土地利用类型的面积比例大于 20% 而小于 50%，则这 3 种或 3 种以上土地利用类型为主体土地利用类型，区域土地利用结构为这 3 种或 3 种以上土地利用类型组成的三元或四元结构。

（6）一个区域所有土地利用类型面积比例都小于 20%，则无主体土地利用类型，区域土地利用结构为无主体结构。

为了表达某一主体土地利用类型在区域土地开发利用结构中的优势程度，本节构建了描述区域土地开发利用结构的一个指标——土地利用主体度。土地利用主体度的计算方法如下。

采用相对面积与相对斑块密度作为土地开发利用主体度计算的依据。

$$M_i = \frac{A_i + P_i}{2} \tag{4-1}$$

式中：M_i 为第 i 种土地开发利用主体度；A_i 为第 i 种土地开发利用类型的相对面积；P_i 为第 i 种土地开发利用类型的相对斑块数量密度。

二、海域使用结构分析方法

海域使用是海洋开发利用活动的总称，是海上的土地利用。《海域使用分类》（HY/T 123—2009）根据海域使用用途将海域使用类型划分为渔业用海、工业用海、交通运输用海、旅游娱乐用海、海底工程用海、排污倾倒用海、造地工程用海、特殊用海和其他用海 9 个一级类型 30 个二级类型。同时根据海域使用特征及其对海域自然属性的改变和影响程度将海域使用方式划分为填海造地、构筑物、围海、开放式和其他方式 5 个一级用海方式 20 个二级用海方式。

海域使用类型划分主要以海域使用用途为依据，并遵循对海域使用类型的一般认识，与海洋功能区划、海洋相关产业等相关分类相协调。海域使用类型分类体系见表 4-2。

表 4-2　海域使用类型分类体系

一 级 类 型		二 级 类 型	
编码	名　称	编码	名　称
1	渔业用海	11	渔业基础设施用海
		12	围海养殖用海
		13	开放式养殖用海
		14	人工鱼礁用海

续表

一级类型		二级类型	
编码	名称	编码	名称
2	工业用海	21	盐业用海
		22	固体矿产开采用海
		23	油气开采用海
		24	船舶工业用海
		25	电力工业用海
		26	海水综合利用用海
		27	其他工业用海
3	交通运输用海	31	港口用海
		32	航道用海
		33	锚地用海
		34	路桥用海
4	旅游娱乐用海	41	旅游基础设施用海
		42	浴场用海
		43	游乐场用海
5	海底工程用海	51	电缆管道用海
		52	海底隧道用海
		53	海底场馆用海
6	排污倾倒用海	61	污水达标排放用海
		62	倾倒区用海
7	造地工程用海	71	城镇建设填海造地用海
		72	农业填海造地用海
		73	废弃物处置填海造地用海
8	特殊用海	81	科研教学用海
		82	军事用海
		83	海洋保护区用海
		84	海岸防护工程用海
9	其他用海		

　　在缺失海洋行政管辖划界矢量数据的情况下，根据工作需求可将行政区划矢量数据中的行政界线（乡/镇、县、市）垂直海岸线向海洋延伸至海洋功能区划外边界，形成海岸带的海域空间评价单元。以海岸带海域空间评价单元为单位，按照如下方法分析每个评价单元的海域使用结构。

　　（1）一个区域某一海洋功能区划一级类型面积比例为100%，则该海洋功能区划类型为主体功能类型，区域海洋功能结构为该海洋功能区划类型的单一主体结构。

（2）一个区域存在两种海洋功能区划类型，该区域海洋功能区结构为这两种海洋功能区划类型组成的二元结构。

（3）一个区域存在 3 种或 3 种以上海洋功能区划类型，该区域海洋功能区结构为这三种或三种以上海洋功能区划类型组成的三元结构或四元结构。

三、海岸线保护与利用现状分析方法

《海岸线调查统计技术规程（试行）》中规定：海岸线为平均大潮高潮时的海陆分界线。其中，自然岸线是由海陆相互作用形成的海岸线，包括砂质岸线、淤泥质岸线、基岩岸线等原生岸线，以及整治修复后具有自然海岸形态特征和生态功能的海岸线。人工岸线是由永久性人工构筑物组成的海岸线。

根据海岸带特征结构分析与遥感解译判读情况，参照《海域使用分类》（HY/T 123—2009）的分类标准，将大陆海岸线划分为 3 个一级类型和 9 个二级类型。一级类型包含：自然岸线、人工岸线和河口岸线。其中，自然岸线中包括基岩岸线、砂质岸线、粉砂淤泥质岸线和生物岸线；人工岸线包括岸线防护工程、交通运输工程、围池堤坝和填海造地（表 4-3）。

表 4-3　大陆海岸线类型

一 级 类 型		二 级 类 型	
编码	名　称	编码	名　称
1	自然岸线	11	基岩岸线
		12	砂质岸线
		13	粉砂淤泥质岸线
		14	生物岸线
		15	具有生态功能岸线
2	人工岸线	21	岸线防护工程
		22	交通运输工程
		23	围池堤坝
		24	填海造地
3	河口岸线	—	—

依据《海岸线保护与利用管理办法》，主要在自然岸线的分类中，新增了"具有生态功能岸线"。"具有生态功能岸线"主要包括以下三种。

（1）自然恢复的岸线：受海陆相互作用影响，人工海堤、围海堤坝或受损海滩外侧的岸滩逐渐淤涨，基本恢复或重塑了自然岸滩形态特征和生态功能的岸线。

（2）整治修复的岸线：通过沙滩养护、堤坝拆除、湿地植被种植、促淤保滩、生态护

岸等人为措施干预，基本恢复或再生了自然岸滩形态特征和生态功能的岸线。

（3）海洋保护区内的具有生态功能岸线：海洋特别保护区、自然保护区、地质公园、湿地公园等的核心区范围内历史存在的堤坝岸线，经过保护管理而恢复了基本生态功能，可纳入自然岸线管理。

第二节 海岸带开发适宜性评价方法

海岸带开发适宜性评价是海岸带空间规划的基础，某一区域是否适宜定位为一种海岸带保护与利用功能类型，需要采用功能定位的适应性评价模型进行评价分析。影响海岸带保护与利用功能定位的因素众多，涉及自然、经济、社会的各个方面，影响程度也各不相同。根据海岸带资源综合开发利用价值、海岸带保护与开发利用现状、海岸带保护与开发利用需求等多种因素，评判其功能定位的适宜性，既要满足经济建设需要，又要重视重要原始生态区、珍稀濒危物种及其生境、典型生态系统、重要的渔业资源区和潮汐通道、有代表性的海岸自然景观和具有重要科研价值的海洋自然历史遗迹的有效保护。评价指标选取得是否科学准确是体现适宜性评价结果科学性与实用性的重要因素。本文确定以下评价指标选取原则：①重要生态系统与海岸资源优先保护原则。如果发现某海域有重要的生态系统、海岸资源等，应该优先以保护功能为定位；②综合性原则。根据海岸带综合特征确定指标体系，同时注意指标的全面性和代表性；③开发与保护并重原则。

一、海岸线功能适宜性评价方法

采用改进的限制性综合指数法构建海岸线功能适宜性评价方法，其原理是将评价指标因子划分为适宜性和限制性两类，借鉴"生态红线"划定原则和"短板效应"的思路，形成海岸线综合利用适宜性评价方法，原理如图4-1所示，基于此原理构建的海岸线综合利用适宜性指数如式（4-2）。

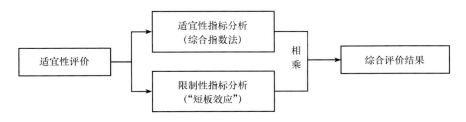

图4-1 限制性综合指数法基本原理

$$SI = \left(\sum_{i=1}^{n} X_i W_i \right) R(4 - X) \tag{4-2}$$

式中：SI 为海岸线综合利用适宜性指数；X_i 为第 i 项适宜性评价因子的赋值；W_i 为第 i 项适宜性评价因子的权重；R 为岸线单元区域的限制性因子变量值。

在此基础上，按照如下技术路线构建岸线功能适宜性评价的指标体系。

1. 指标筛选

依据人类活动和陆海空间规划的相关理论，综合考虑海岸带区域的自然、环境、社会经济和区位等多种因素，选取 13 个指标组成海岸线综合利用适宜性影响指标体系，其中包含 9 个适宜性指标，4 个限制性指标。指标详细说明见表 4-4。

表 4-4　海岸线综合利用适宜性影响指标体系

一级类型	二级类型	指标数据来源
适宜性指标	岸线利用类型	基于 2018 年遥感影像数据解析
	土地利用现状	国土资源部门
	海洋功能区划	沿海省批复《省级海洋功能区划（2011—2020 年）》
	产业聚焦区	重点工业集聚区规划（2016—2020 年）
	海域使用集中区	国家海洋局批复数据
	海岸开发强度	基于 2018 年遥感影像数据解析
	区域用海规划	国家海洋局批复数据
	海水质量	2017 年中国海洋环境质量公报
	海洋保护区	中华人民共和国环境保护部
限制性指标	生态保护红线	生态保护红线划定方案
	海洋生态红线	沿海省划定的海洋生态红线
	浙江省主体功能区规划	省人民政府批复省级主体功能区规划
	浙江省海洋主体功能区规划	省人民政府批复省级海洋主体功能区规划

2. 指标赋值及权重计算

依据人类活动干扰海岸线资源、破坏生态系统平衡的情况，以及海洋环境本身的承载力与可持续再生能力，以保护自然生态环境为目的，遵循规划衔接、陆海统筹、生态优先、集中布局、集约节约利用海岸线资源的原则，按照影响海岸线开发利用适宜程度由高到低划分为高适宜区、中适宜区、低适宜区和不适宜区 4 级，分别赋值 7、5、3、1。

采用层次分析法对海岸线综合利用适宜性评价的 9 个适宜性指标权重进行计算，对所列指标两两比较重要程度而逐层进行判断评分，构造判断矩阵，然后利用方根法求得最大特征根对应的特征向量，得到单项指标对总目标的重要性权值，检验判断矩阵一致性比例为 0.007 1，结果非常满意，适宜性指标权重如表 4-5 所示。

表 4-5　适宜性指标分级标准及权重

序号	指标名称	属性分类	分级赋值	开发利用适宜等级	权重
1	岸线利用类型	人工岸线	5	中适宜区	0.160 5
		基岩岸线、砂质岸线、粉砂淤泥质岸线、河口岸线、具有生态功能岸线	3	低适宜区	
		生物岸线	1	非适宜区	
2	土地利用现状	建设用地	7	高适宜区	0.079 2
		裸地、海洋	5	中适宜区	
		湿地滩涂、草地	3	低适宜区	
		水田、旱地、林地	1	非适宜区	
3	海洋功能区划	工业与城镇用海区	7	高适宜区	0.072 4
		矿产与能源区、港口航运区	5	中适宜区	
		农渔业区、特别利用区、旅游休闲娱乐区	3	低适宜区	
		海洋保护区、保留区	1	非适宜区	
4	产业聚焦区	聚焦区内	7	高适宜区	0.179
		聚焦区外	3	低适宜区	
5	海域使用集中区	造地工程用海区	7	高适宜区	0.042 2
		工业、交通运输用海区	5	中适宜区	
		盐业、渔业用海区	3	低适宜区	
		旅游娱乐、特殊用海区	1	非适宜区	
6	海岸开发强度	强度开发区	7	高适宜区	0.042 2
		中度开发区	5	中适宜区	
		轻度开发区	3	低适宜区	
		未开发区	1	非适宜区	
7	区域用海规划	建设区域用海规划	7	高适宜区	0.143 9
		农业围垦区域用海规划	5	中适宜区	
		规划范围外	3	低适宜区	

续表

序号	指标名称	属性分类	分级赋值	开发利用适宜等级	权重
8	海水质量	一类、二类	7	高适宜区	0.022 5
		三类、四类	5	中适宜区	
		劣于四类	3	低适宜区	
9	海洋保护区	保护区范围外	3	中适宜区	0.258 1
		实验区、适度利用区、生态与资源恢复区	3	低适宜区	
		缓冲区、核心区、重点保护区、预留区	1	非适宜区	

　　不同因子权重决定某一特定指标对适宜性的贡献度,对于限制性的指标权重我们采取"极值"原则,体现区域生态环境保护对人类活动的敏感性。按照限制性指标的限制等级由高到低划分为4级,即禁止开发、限制开发、优化开发和重点开发,分别确定变量值为0、1、3、5(表4-6)。根据"极值"和"短板效应"原则,计算适宜性指数时,叠加限制性指标等级由最高限制等级确定,体现了生态学的"最小限制定律"。

表4-6　限制性指标分级标准及变量值

序号	指标名称	限制等级	变量值
1	生态保护红线	禁止开发	0
2	海洋生态红线	禁止开发	0
		限制开发	1
3	全国主体功能区规划	禁止开发	0
		限制开发	1
		优化开发	3
		重点开发	5
4	全国海洋主体功能区规划	禁止开发	0
		限制开发	1
		优化开发	3
		重点开发	5

3. 综合利用适宜性分类

依据海岸线综合利用适宜性指数模型及适宜性指标和限制性指标计算方法，获得的综合评价指数数值区间范围（0~25.202），采用聚类法将其分为三类区域：生态岸线、生活岸线和生产岸线，并由三类岸线空间分布区域特征及对应指标和权重，计算获得海岸线综合利用适宜性类型划分标准如表4-7所示。

表4-7　海岸线综合利用适宜性分类

分类标准	生态岸线	生活岸线	生产岸线
综合评价指数 X	$0 \leqslant X \leqslant 2.865\,6$	$2.865\,6 < X \leqslant 8.271\,6$	$X > 8.271\,6$

（1）生态岸线：以生态保护功能为主导，禁止开发利用活动的岸线区域，空间分布主要位于自然岸线、河口岸线、生物岸线、海洋保护区、滨海旅游区、保留区、自然保护区核心区、清洁海域等范围内。

（2）生活岸线：是指基本保障人们的生存、生活、休闲娱乐、教育等开发利用海岸带所占用的海岸线。以生态新城、城镇基础设施、垃圾处理、旅游休闲娱乐、渔业用海、交通与渔业港口、科研教育等用海功能区为主导的岸线区域。空间分布主要位于城镇用海、农业围垦、渔业用海、盐业用海、交通运输用海、旅游休闲娱乐区、滨海旅游区、科研教学用海、倾倒区用海等范围内。

（3）生产岸线：是以围绕工业生产和配套设施建设功能为主的岸线区域。空间分布主要位于人工岸线、建设区域用海、工业用海、矿产与能源区、港口航运区等范围内。

二、海岸带开发适宜性评价方法

海岸带空间向陆以沿海各行政区（乡/镇、县、市）为评价单元，向海以海洋功能区范围为评价区域。根据海岸带区域自然、资源、经济、社会特征，从自然条件、资源环境、经济社会几个方面建立海岸带空间功能适宜性评价指标体系。由于海岸线的特殊地理位置，在开展海域和陆域空间功能适宜性评价时，均将海岸线生态、生活和生产岸线纳入其评价指标体系中。在系统收集海岸带海陆自然条件、生态环境、土地利用、海域权属、社会经济等数据的基础上，以海岸线为纽带，基于"千层饼"模型和"木桶理论"，运用GIS技术分别开展陆域、海域的空间功能适宜性评价。海岸带空间功能适宜性评价技术流程如图4-2所示。

1. 海岸带陆地开发适宜性评价

海岸带陆地开发适宜性评价从生态、城镇、农业"三类空间"着手，从自然条件、资源环境、经济社会三方面影响因素中选择评价指标（表4-8）。由于各类空间目标导向不同及各评价指标影响范围的差异，因此需要根据不同的空间评价内容选择相应的指标，各评

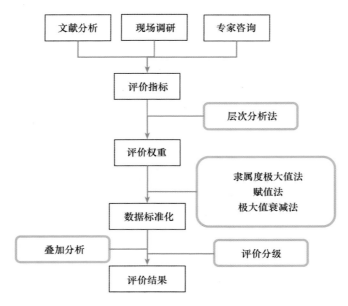

图 4-2　海岸带空间功能适宜性评价技术流程

价指标的权重（表 4-9）由层次分析法计算得出。

表 4-8　陆域指标体系

影响要素		指标
自然条件	生态重要性	自然保护区、森林公园、湿地、滩涂、山地、生态红线
	灾害易损性	地质灾害类型、分布、频率，环境灾害
资源环境	土地资源	农田资源比例
	水资源	水面面积率、年降水量
经济社会	人口聚集度	人口密度
	开发强度	建设用地比例、耕地占有量
	交通条件	交通通达度
	产业基础	开发园区类型、分布，产业结构
	后方陆域影响	人均 GDP、城市规模、人均耕地占有量、人均城乡建设用地、城乡建设用地比重

表 4-9　陆域"三类空间"指标选择及权重

影响要素		生态空间	城镇空间	农业空间
岸线条件	生态岸线	引导指标（0.28）	约束指标（0.08）	约束指标（0.08）
	生产岸线	约束指标（0.08）	引导指标（0.08）	约束指标（0.28）
	生活岸线	约束指标（0.08）	约束指标（0.28）	引导指标（0.08）

影响要素		生态空间	城镇空间	农业空间
自然条件	生态重要性	引导指标（0.24）	约束指标（0.08）	约束指标（0.08）
	灾害易损性	引导指标（0.06）	约束指标（0.06）	约束指标（0.06）
资源环境	土地资源	—	引导指标（0.06）	引导指标（0.11）
	水资源	引导指标（0.08）	引导指标（0.06）	引导指标（0.08）
经济社会	人口聚集度	约束指标（0.07）	引导指标（0.03）	引导指标（0.03）
	开发强度	约束指标（0.07）	引导指标（0.11）	约束指标（0.05）
	交通条件	—	引导指标（0.07）	引导指标（0.06）
	产业基础	约束指标（0.04）	引导指标（0.05）	约束指标（0.06）
	后方陆域影响	—	引导指标（0.04）	引导指标（0.03）

海岸带陆地开发适宜性评价分为生态功能重要性评价、城镇开发适宜性评价、农业生产重要性评价三个部分。各个部分分别采用空间栅格数据加权求和的方法计算适宜性/重要性数值，计算公式如下。

$$F = \sum_{i=1}^{n} \mu_i x_i \tag{4-3}$$

式中：F 为各类型适宜性评价总得分；μ_i 为第 i 项指标的权重；x_i 为第 i 项指标的得分；n 为评价指标个数。

海岸带陆地开发适宜性评价结果分为三级：分别为生态重要性一级区、生态重要性二级区、生态重要性三级区；城镇开发适宜性一级区、城镇开发适宜性二级区、城镇开发适宜性三级区；农业生产重要性一级区、农业生产重要性二级区、农业生产重要性三级区。

2. 海岸带海域开发适宜性评价

海岸带海域开发适宜性评价从生态、建设、渔业"三类空间"着手，从自然条件、经济条件、基础设施三方面影响因素中选择评价指标（表4-10）。由于海域各类空间的目标导向不同及各评价指标影响范围的差异，因此需要根据不同的空间评价内容选择相应的指标（表4-11），海域空间各评价指标的权重（表4-11）由层次分析法计算得出。

表4-10　海域指标体系

影响要素		指标
自然条件	生态重要性	海洋保护区、湿地、滩涂、生态红线、水质、水深
	灾害易损性	赤潮、风暴潮
经济条件	人均GDP	人均GDP
	海洋产业	航运规模、渔业经济占比

影响要素		指标
基础设施	交通条件	交通通达度
	开发强度	工业用海、城镇建设用海
	渔业基础	渔港分布、养殖用海类型
	港口资源	港口分布
	旅游资源	旅游密度及综合指数

表4-11 海域"三类空间"指标选择及权重

影响要素		生态空间	建设空间	渔业空间
岸线条件	生态岸线	引导指标（0.11）	约束指标（0.06）	约束指标（0.06）
	生产岸线	约束指标（0.06）	引导指标（0.11）	约束指标（0.06）
	生活岸线	约束指标（0.06）	约束指标（0.06）	引导指标（0.11）
自然条件	生态重要性	引导指标（0.19）	约束指标（0.11）	约束指标（0.12）
	灾害易损性	引导指标（0.07）	约束指标（0.01）	约束指标（0.07）
经济条件	人均GDP	约束指标（0.04）	引导指标（0.05）	引导指标（0.06）
	航运规模	约束指标（0.08）	引导指标（0.08）	—
	渔业经济占比	约束指标（0.05）	—	引导指标（0.14）
基础设施	交通通达度	—	引导指标（0.11）	—
	开发强度	约束指标（0.08）	引导指标（0.18）	约束指标（0.05）
	渔业基础	约束指标（0.06）	—	引导指标（0.30）
	港口资源	约束指标（0.08）	引导指标（0.18）	—
	旅游资源	引导指标（0.12）	约束指标（0.05）	约束指标（0.03）

将以上海岸带海域开发适宜性评价指标进行标准化处理，形成栅格大小为10 m的栅格评价数据，在GIS软件支持下，采用加权求和的方法将各栅格数据乘以各自的权重后进行空间栅格求和，得到海岸带海域生态重要性评价栅格数据、海岸带海域开发适宜性评价栅格数据、海岸带渔业空间重要性评价栅格数据。参考海洋生态红线划定方案、区域建设用海规划区域分布、海洋牧场建设方案等相关资料的空间特征，将海岸带海域空间适宜性评价结果分为三级：分别为海洋生态重要性一级区、海洋生态重要性二级区、海洋生态重要性三级区；海域开发适宜性一级区、海域开发适宜性二级区、海域开发适宜性三级区；渔业生产重要性一级区、渔业生产重要性二级区、渔业生产重要性三级区。

第三节　海岸带资源环境承载力评价方法

在海陆主体功能区规划框架下，分别针对重点开发区、优化开发区、限制开发区和禁止开发区，以县级行政区为单元，分别开展海岸带陆地和海域资源环境承载力监测预警评价。根据海岸带海域与陆域资源环境承载力评价结果，寻找海岸带保护与利用的资源环境短板，并以此为依据制定海岸带陆海统筹空间规划管控措施。

海岸带资源环境承载力监测预警评价包括陆域评价和海域评价两部分。陆域评价分为基础评价和专项评价。基础评价实施全覆盖评价，评价内容包括土地资源、水资源、环境和生态；专项评价对关注区域进行重点评价，评价内容包括城市化地区、农产品主产区、重点生态功能区。海域评价也分为基础评价和专项评价。基础评价实施全覆盖评价，评价内容包括海域海岸线、渔业资源、生态环境和无居民海岛；专项评价对重点开发用海区、海洋渔业资源保障区和重要海洋生态区进行重点评价。陆地和海域的基础评价、专项评价结果采用"短板效应"集成，即将陆域、海域基础评价与专项评价中任意一个指标超载、两个及以上指标临界超载的组合确定为超载类型，将任意一个指标临界超载的确定为临界超载类型，其余为不超载类型。针对超载类型开展过程评价。陆地过程评价采用资源环境损耗指数表征，评价内容包括资源利用效率变化、污染物排放强度变化、生态质量变化；海域过程评价采用海洋资源环境损耗指数表征，评价内容包括海域/海岛开发效率变化、优良水质比例变化、赤潮灾害频次变化。根据陆地和海域过程评价结果的资源环境耗损加剧与趋缓程度，进一步确定陆域和海域的预警等级。其中，超载区域资源环境耗损加剧为红色预警等级；超载区域资源环境耗损趋缓为橙色预警等级；临界超载区域资源环境耗损加剧为黄色预警等级；临界超载区域资源环境耗损趋缓为蓝色预警等级；陆地和海洋资源环境承载力评价结果不超载区域为无警。

将海岸线开发强度、海洋环境承载状况和海洋生态承载状况三个指标的评价结果，分别与陆域沿海县（市、区）基础评价中的土地资源、环境和生态评价的结果进行复合，调整对应指标的评价值，实现同一行政区内陆域和海域超载类型和预警等级的衔接协调。识别和定量评价超载关键因子及其作用程度，解析不同预警等级区域资源环境超载原因。从资源环境整治、功能区建设和监测预警长效机制构建三个方面进行政策预研，为超载区域限制性政策的制定提供依据。资源环境承载力监测预警评价基本框架见图4-3。

资源环境承载力监测预警评价方法见《资源环境承载力监测预警技术方法（试行）》。

以资源环境承载力监测预警评价结果为基础，制定分区分类的海岸带陆海统筹空间规划管控措施。

在城镇空间，对于超载区域，严格控制开发建设规模，集约利用建设用地，调整发展规划和产业结构，引导人口、产业逐步有序转移，加快老城区改造，利用废弃区域营造绿地、湿地公园，加强生态建设；对于临界超载区域，严格将城镇发展规模控制在城镇建设边界内，控制人口进一步增长，积极利用废弃工厂、坑塘湿地建设城市绿地、湿地公园，定期开展资源环境承载力评估，根据评估结果动态调控城市管控措施；对于可载区域，根据资源环境承载力有序发展城镇规模，推动城镇空间健康持续发展。

在农业空间，对于超载区域，严格保护永久基本农田，严禁非法占用农业生产空间，提高农田集约化利用水平，加强非点源污染控制，实施土壤、水体污染修复工程，改善土壤、水域等生态环境；对于临界超载区域，保护永久基本农田，加强各类污染源管控，有

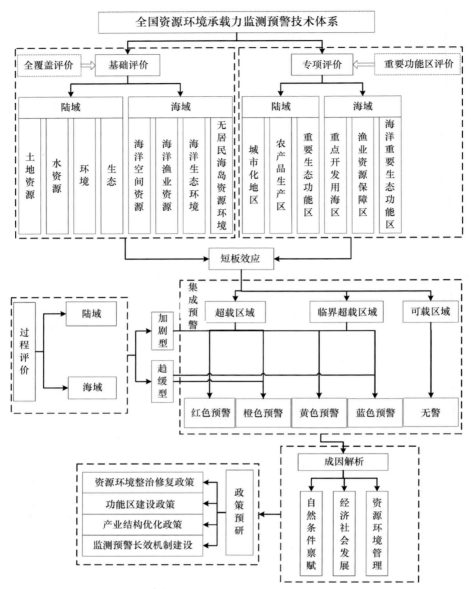

图 4-3　资源环境承载力监测预警技术框架

序修复一批环境脏乱差区域；对于可载区域，积极发展规模化、集约化农业生产模式，高效利用农业生产空间，发展循环生态农业，积极消除各类污染源。

　　在生态空间，对于超载区域，严格清理各类损毁生态环境的产业与活动，责其尽快实施损毁生态环境的整治修复，落实区域生态补偿制度，积极开展区域内山、水、林、草等的生态恢复与修复，严格将各类人类活动控制在资源环境承载力范围内。对于临界超载区域，控制开发利用活动的进一步增长，落实生态补偿制度，积极实施生态修复工程，改善区域生态环境状况；对于可载区域，根据资源环境承载力，有序发展非开发建设性产业，维护区域生态环境良好状况。

　　在建设用海空间，对于承载力超载区域，对相关联海岸带地区的产业发展和生态环境保护等实施以海定陆；将红色预警区纳入海洋督查的重点区域，加强动态化监测预警和常态化巡查，严肃查处违法违规用海行为，严格限制开发强度，切实加强保护力度。建立严格产业准入制度和产业退出机制。根据超载程度和主要超载因素设置产业退出和准入负面清单，提高涉海项目准入门槛。对新建项目投资管理部门不予审批、核准和备案，对现有产业要限期整改或退出。依据海岸带地区陆域和海域资源环境承载能力，确定区域"两高一低"等行业规模限值。禁止产业结构调整指导目录中限制类、淘汰类项目以及产能严重过剩行业新增产能项目审批。

在海洋农渔业空间，对于区域实施超载清退和近海捕捞限额制度，控制渔船数量和总功率，加大减船转产力度；完善海洋捕捞业准入制度，进一步清理绝户网等违规渔具和"三无"（无捕捞许可证、无船舶登记证书、无船舶检验证书）渔船，取消或调整超载区海洋渔业补贴制度。核定近海养殖容量，清退无证海水养殖区和不符合海洋功能区划要求的养殖户。生态养殖：大力发展水产健康养殖，加强养殖池塘改造。大力发展碳汇渔业，引导近岸海水养殖区向离岸深水区转移。强化海洋渔业资源养护和栖息地保护，增设水产种植资源保护区并严格管理；根据超载程度调整休渔期，因地制宜开展人工鱼礁、增殖放流等渔业资源养护工程，提升渔业资源承载能力。

在海洋生态空间，对于超载区域，实施污染防治和近岸海域水质改善的行政长官负责制，把海洋功能区水质达标率纳入近岸海域水质考核体系，制定严格的地方海水水质标准，加强水质监督和考核；区域内河流入海断面的水质考核要求，按照水环境功能区水质等级要求再提高一级；全面清理非法或设置不合理的入海排污口，提高向海排放污水的排污许可收费标准；强化海上排污监管，建立并实施海上污染排放许可证制度；严格落实海岸带地区总氮总磷排放削减目标责任制，对污染严重的河口海湾和重要海洋生态功能区实施主要入海污染物总量控制制度；禁止高污染高排放产业在海岸带区域布局。对海洋环境生态超载区，严格落实海洋生态红线制度，将重点海洋生态功能区、敏感区和脆弱区划定为生态红线区实施严格保护；按照遏制海洋生态退化的要求，划定海域海岸带的禁止围填海区、禁止开发区等，实施海域和相关联陆域产业准入负面清单制度；实施滨海湿地的分级管理制度，将滨海湿地面积、湿地保护率、湿地生态状况等保护成效指标纳入本地区生态文明建设目标评价考核等制度体系，建立健全奖励机制和终身追责机制；把河口区生态需水量纳入流域用水量调控总体方案。按照"谁污染、谁治理"的原则，限期实施重污染海域的环境综合治理工程，改善海域水质状况，恢复其海洋生态功能，提升区域海洋生态环境承载能力。按照"谁破坏、谁修复"的原则，限期实施生态退化海域的生态修复与建设工程，遏制生态退化趋势，增强生态承载能力。加强整治修复工程的第三方跟踪监测评估和绩效考核，并将整治修复工程进展和绩效纳入当地政府年度考核体系。

第五章 海岸带陆海统筹空间规划功能区划分方法

第一节 海岸带陆海统筹空间规划图层叠加分析方法

海岸带陆海统筹空间规划涉及海岸带陆海空间的多种规划，包括海陆主体功能区规划、土地利用总体规划、海洋功能区划、城乡规划、生态环境规划等。由于各种规划编制的主体部门不同，所依据的基础资料、空间基准、功能分类、技术方法各不相同，为此，规划编制必须在统一的空间基准、基础资料、功能分区、技术方法基础上进行图层叠加分析，提取多种规划图层的有用空间信息，凝练成海岸带陆海统筹空间规划的基本内容。

一、空间基准统一方法

海岸带空间规划的基础是把各种规划内容相关的空间要素数据统一到相同的空间基础框架下，确保各规划空间要素的空间一致性和唯一性。海岸带空间规划数据基准统一由三个环节组成：①资料收集。包括测绘资料、规划资料、保护与禁止（限制）开发区界线资料及其他资料。其中测绘资料包括地理国情普查成果、基础测绘成果；规划资料包括全国和省级主体功能区规划、区域规划、市县城镇体系规划、市县土地利用总体规划、重点产业布局规划、交通规划、产业园区规划等各类规划资料；保护与禁止（限制）开发区界线资料包括基本农田资料、禁止开发区、自然（文化）保护区、自然（文化）遗产、风景名胜区、旅游区、森林公园、地质公园、湿地保护区、沼泽区等，是空间规划底图相关要素属性补充的数据源。②坐标转换、格式转换等空间数据处理。将所有地理数据各种不同坐标系一转换成基于 2000 国家大地坐标系，采用 1985 国家高程基准；同时统一投影方式，以便于各类空间矢量数据、栅格数据的空间叠加分析和基础信息平台建设。③整合各类规划空间信息，构建"多规合一"海岸带空间规划基础平台，并依此建立集规划编制管理系统、规划审批管理系统、规划批后管理系统等为一体的总体规划应用服务系统，支持信息共享、规划衔接协调、多部门业务协同、审批联动、监管同步。

二、空间图形叠加方法

GIS 的空间叠加分析功能不仅可以实现空间数据的叠加分析操作，同时可以对参加叠加分析的属性数据进行重新运算，赋予叠加后形成的空间单元新的属性值，同时保持其与原专题图层的联系。海岸带空间规划涉及的专题数据复杂多样，包括主体功能区规划空间数据、海洋主体功能区规划空间数据、海洋功能区划空间数据、土地利用总体规划空间数据、陆海生态红线空间数据等。为了使叠加分析操作清晰规范，有必要对叠加分析各类图层赋予利于标识的属性数据，以便在下一步的综合分析法中保留分析依据。对于各类专题数据，分别设置功能区编号、分类、分类说明三个属性项，分类即根据各类专题图反映的空间功能类型，按照海岸带功能区类型划分体系确定，分类说明给出划分依据说明。为了便于标识分别在各属性项前加上专题图层名称或代码，叠加分析后属性表采用追加的方法形成。

图形叠加法的步骤包括：①读取要进行图形叠加的空间属性图层信息数据，并为图层中的面状数据初始化其方向；②将所述数据中所要叠加的对象按照叠加类型进行标识，包括标示功能区编号、分类、分类说明等属性；③采用 GIS 空间分析方法进行图层空间叠加分析，结果图层生成各图层各功能区块相叠置的区块，同时保留各图层原功能分类属性，各功能区块无叠置的部分同时输出。④对叠加得到的图形结果进行分析，叠加分析会产生一些较小的各功能区块边界间缝隙，删除这些较小的缝隙，以简化输出图层。根据输出图层的属性表，可以直观分析出单一功能区、同功能叠置区、不同功能叠置区的区块。单一功能区、同功能叠置区可直接确定空间功能，并合并相邻的同类型功能区。对于不同功能的叠置区，应进一步采用综合分析法确定主导功能分区。

海岸带空间规划编制叠加分析是在相关规划数据空间基准转换一致的基础上，将涉及海岸带的相关空间规划矢量数据，在 GIS 软件支持下进行空间叠加，重点分析海岸线上下两侧陆地功能定位和海洋功能定位的空间协调性、海陆管控措施的一致性等。

1. 主体功能区规划与海洋主体功能区规划的空间叠加

在 GIS 软件支持下将陆地主体功能区规划矢量数据与海洋主体功能区规划矢量数据进行空间叠加，分析海陆交界区域陆地主体功能区规划与海洋主体功能区规划之间的协调性，重点遴选出陆地主体功能区规划与海洋主体功能区规划之间不协调的区域，即海洋主体功能区规划为禁止开发区和限制开发区，而毗邻的陆地主体功能区规划为重点开发区和优化开发区的岸段或陆地主体功能区规划为禁止开发区和限制开发区，而毗邻的海洋主体功能区规划为重点开发区和优化开发区的岸段。按照以海定陆，生态优先的陆海统筹原则，对于海洋主体功能区规划为禁止开发区和限制开发区，而毗邻的陆地主体功能区规划为重点开发区和优化开发区的岸段，保持海洋主体功能区规划的禁止开发区和限制开发区范围，同时将陆地主体功能区规划中毗邻海岸线 5 km 范围内的重点开发区和优化开发区统筹优化为与海洋一致的禁止开发区和限制开发区；对于陆地主体功能区规划为禁止开发区和限制开发区，而毗邻的海洋主体功能区规划为重点开发区和优化开发区的岸段，保持陆地主体功能区规划的禁止开发区和限制开发区范围，同时将海洋主体功能区规划中毗邻海岸线 5 km 范围内的重点开发区和优化开发区统筹优化为与陆地一致的禁止开发区和限制开发区。

2. 海洋功能区划与主体功能区规划空间叠加

以海岸带陆地主体功能区规划和海洋主体功能区规划为框架，叠加海洋功能区划矢量数据，逐个图斑分析每一主体功能区类型范围内的海洋基本功能区类型，采用协调性分析法，分析每一主体功能区单元内与主体功能区类型相协调的海洋基本功能区类型及面积，与主体功能区类型不相协调的海洋基本功能区类型及面积，对于与主体功能区类型不协调的海洋功能区，以主体功能区规划为基础，制定海洋基本功能区空间调整优化方案，逐个调整优化海洋基本功能区图斑。

3. 土地利用总体规划与主体功能区规划空间叠加

以海岸带陆地主体功能区规划和海洋主体功能区规划为框架，叠加土地利用总体规划矢量数据，采用转移矩阵分析方法，分析主体功能区规划中重点开发区、优化开发区、限制开发区和禁止开发区四类空间管制类型中土地利用规划类型的分布情况，遴选出禁止开发区、限制开发区中的工业城镇规划图斑，以及重点开发区、优化开发区中的林地、草地、湿地等生态空间图斑，分析每一主体功能区单元内与主体功能区管控类型不相协调的土地利用规划类型、图斑数量及面积，以主体功能区规划为基础，制定土地利用总体规划空间调整优化方案，逐个调整优化土地利用规划图斑。

4. 海洋功能区划与土地利用规划、城市发展规划空间叠加法

在 GIS 软件支持下将土地利用规划矢量数据、城市发展规划矢量数据与海洋功能区划矢量数据空间叠加整合，分析海岸线上下海陆规划用途类型的协调性，逐个功能区分析海洋功能区划与土地利用规划、城市发展规划的协调性。对于海洋功能区类型与土地利用类型、城市发展规划类型用途一致的岸段，按照海岸带空间规划相似功能区类型进行归并。对于海洋功能区划功能用途类型与土地利用规划类型不一致的岸段，按照以海定陆的原则，归并到相应的海岸带保护与利用规划类型。

三、综合分析方法

综合分析法主要分析海岸带开发保护现状与面临的形势，综合考虑海岸带自然属性、社会属性和环境保护要求，对不同地区间和不同行业间的利益关系进行科学分析，协调处理各种关系，主要包括：①法律法规说明；②功能区间相互作用与影响；③产业效益贡献水平；④环境承载力。此外，对开发利用与治理保护间的关系，近期与长远效益，不同地区间与不同行业间的利益等均需作出说明。在此基础上，确定海岸带功能区类型及功能的主次关系。

在坚持海岸带陆海统筹空间规划的基本原则基础上，根据海岸带陆海空间保护与利用的具体情况，以下原则界定海岸带的主导功能。①相关法规确定的空间管控功能优先界定的原则，即在叠加分析中，空间管控功能与利用现状、自然属性功能、规划等有关功能区重叠时，应在满足规划原则的基础上，把相关法规已确定的功能作为主导功能。②当根据自然属性界定的功能区与利用现状、相关规划所反映的功能类型不同时，以自然属性界定的功能类型为主导功能。③界定主导功能时应避免港口、排污区、工程用海区等环境质量标准低的功能与养殖区、保护区等环境质量标准高的功能区直接相邻，以分离用海冲突和环境质量级别。④界定主导功能应适当保证功能区的区域完整性和连续性，应突出区域或岸段的主要功能，避免功能区细碎。⑤应根据重点岸段的主导功能顺序确定单个叠置功能区主导功能，假如主要功能顺序为港口、旅游与海洋保护，在确定具体功能分区的主导功能时，应以上述顺序为参考。⑥当各功能在开发利用时互不干扰，有利于发挥综合效益，此区域为多功能同时并存区。例如滨海旅游区与养殖区的关系，滨海旅游区多为开放性的观光海域，没有排他性，且大部分滨海旅游区都与养殖区相邻，滨海旅游区只使用海面，而底播养殖区只使用海底，互补性良好，二者间相互兼容。在部分滨海旅游区，除海岸线附近预留出足够宽度的传统赶海区或游客亲水区外，其他海域可以兼容安排底播养殖，发展休闲渔业，实现海岸带空间资源的综合利用。

第二节　海岸带陆海统筹"三区三线"划分方法

海岸带陆海统筹空间规划编制必须在相关空间规划矢量叠加分析的基础上，以海陆主体功能区规划为框架，以土地利用规划和海洋功能区划为基础，分别在陆地区域划分"城镇空间""农业空间""生态空间"三类区域（陆地"三区"）；在海域划分"城镇空间""农渔业空间""生态空间"三类区域（海洋"三区"）。并根据海陆空间保护与利用管控要求，在陆地区域的城镇空间划分"城镇开发边界线"；农业空间划分"永久基本农田保护红线"；生态空间划分"生态保护红线"三线。在海域的建设用海空间划分"围填海控制线"；渔业空间划分"海洋牧场保障线"；海洋生态空间划分"海洋生态保护红线"三线。

一、"三区"划分方法

按照图5-1的土地利用规划、海洋功能区划与海岸带保护与利用规划类型的对应体系，对于海岸带陆地区域，将土地利用类型中的工业用地、住宅用地、行政科教医疗用地、商业服务业用地、采矿用地、铁路、公路、机场、港口等交通物流用地划分为城镇空间；将耕地、园地划分为农业空间；将公园与绿地、林地、草地、河流湖泊水库、滩涂沟渠、风景名胜设施用地、文体娱乐用地、空间地和其他未利用地划分为生态空间。对于海域空间，将工业用海区、城镇建设用海区、渔业基础设施区、港口区、油气区、盐田区、固体矿产资源开采区、可再生能源区和特殊利用区划分为建设用海空间；将农业围垦区、养殖区、增殖区、捕捞区划分为农渔业空间；将海洋自然保护区、海洋特殊保护区、保留区、水产种质资源保护区、风景旅游区、文体休闲娱乐区划分为海洋生态空间。陆地生态空间和海洋生态空间是海陆主体功能区规划中禁止开发区的具体落实；陆地农业空间和海洋农渔业空间是海陆主体功能区规划中限制开发区的具体落实；陆地城镇空间和海洋建设用海空间是海陆主体功能区规划中优化开发区和重点开发区的具体落实。对于海岸线毗邻区域，优化海岸线以上的城镇空间和海岸线以下的建设用海空间；优化海岸线以上的农业空间与海岸线以下的农渔业空间；优化海岸线以上的陆地生态空间与海岸线以下的海洋生态空间，以达到海陆功能定位一致，海陆保护与利用管控政策协调。在以上空间叠加分析工作的基础上，将海岸带陆地城镇空间和海洋建设用海空间统筹为海岸带城镇空间；将海岸带农业空间和海洋农渔业空间统筹为海岸带农渔业空间；将海岸带生态空间和海洋生态空间统筹为海岸带生态空间。对于海岸线毗邻区域海陆功能定位存在不一致的区域，根据各类海岸带保护与利用活动的协调性，以海定陆，适当调整和优化海岸带土地利用规划空间单元，最后形成海岸带陆海统筹空间规划的基本功能区单元。

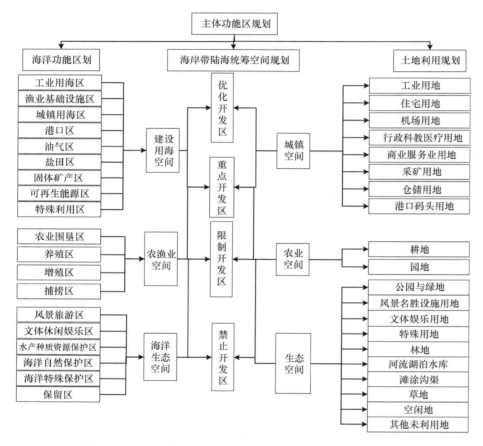

图 5-1　海岸带陆海统筹空间规划功能分区空间叠加

二、"三线"划分方法

海岸带陆地区域的"生态保护红线"为各省（自治区、直辖市）生态保护红线划定工作中界定的生态保护红线区域；"永久基本农田"为全国永久基本农田划定工作中界定的基本农田区域；"城镇开发边界"为"生态保护红线"和"永久基本农田"以外资源环境承载力可载区域。

海岸带海洋空间的"生态保护红线"为各省（自治区、直辖市）海洋生态红线划定工作中界定的"生态红线"区域；"海洋牧场保障线"为海洋功能区划农渔业区中养殖区、增殖区和水产种质资源保护区中可规划为海洋牧场的最小区域；"围填海控制线"为海洋功能区划工业与城镇建设用海区、港口航运区等可以进行围填海活动的功能区类型中海洋资源环境承载力可载区域。海岸带"三线"划分方法见图5-2。

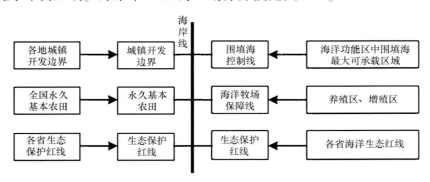

图5-2　海岸带"三线"划分方法

围填海控制线制定主要选取海洋功能区划中的工业与城镇建设用海区、港口航运区，以海洋基本功能区为单元开展海洋资源环境承载力专项评价，分析当前海域开发综合强度指数与该功能区临界、超载标准之间的关系，以临界超载区对应的围填海规模为围填海控制线，在围填海控制线中，剔除当前已经围填海开发的海域，剩余部分即为围填海控制区域，围填海控制区域的最外围界线为围填海控制线。具体见图5-3。

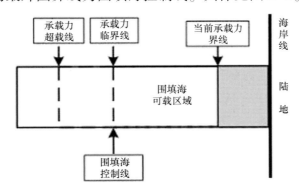

图5-3　围填海控制线图示

第三节　海岸带陆海统筹空间格局构建

海岸带陆海统筹空间格局包括海岸带陆海统筹的保护与利用格局，以及在此大格局下的海岸带陆海统筹的生态保护格局和海岸带陆海统筹综合利用格局。海岸带陆海统筹生态保护格局主要是构建海岸带陆海统筹生态安全格局，守住山清水秀的海岸带陆海生态空间。海岸带陆海统筹综合利用格局包括海岸带陆海统筹城镇开发格局和海岸带陆海统筹的农渔业利用格局，目标是打造集约高效的海岸带城镇空间和品质优良的海岸带农渔业空间。

一、海岸带生态安全格局

以提升生态系统稳定性和质量及生态产品供给能力为核心，统筹考虑防护林、自然岸线、湿地、河口、海湾以及海岸带鸟类迁徙、鱼类洄游繁殖等的重要生态廊道建设，强化湿地保护和恢复，构建生物多样性保护网络。研究实施海岸建筑退缩线制度，严守生态保护红线和自然岸线保有率，严格控制建设空间对生态空间的挤占，拓展公众亲海空间。逐步减少陆源污染排放，强化海洋生态保护，防范近岸海域环境风险。构建以重要生态功能区（生态空间）为基础，以海岸线为轴，以生态保护红线、海岛（链）等为支撑骨架的海岸带生态安全格局。

1. 陆海协同推进生态保护

划定并严守生态保护红线，坚守海洋生态红线区面积占管理海域面积比例的生态功能保障基线，加强海岸带地区生物多样性的监测和保护，探索建立以国家公园为主体的海岸带自然保护地体系。建设一批海洋保护区，重点保护珊瑚礁、红树林、海草床、海藻场、滨海湿地等典型生态系统。编制实施海岸带生态修复规划，落实"蓝色海湾""南红北柳""生态岛礁"和生态安全屏障植被修复等重大修复工程，优化海岸带生态安全屏障体系。创新海岸带生态产品供给方式，保障海岸带生态空间实现净增长。

2. 陆海联动防治海洋污染

坚持陆海统筹，重视以海定陆。实施流域环境和近岸海域的综合治理，建立健全近岸海域水质目标考核制度和重点海域污染物总量控制制度，建立实施"湾长制"，并与"河长制"统筹衔接，建立"流域–河口–海湾"污染防治的联动机制，在坚守近岸海域水质优良比例的环境质量底线的基础上，努力提升近岸海域环境质量。实施环境准入制度，入海污染物要优先采用集中排海和生态排海方式，鼓励有条件的沿海省市率先开展塑料污染减量入海排放和海洋微塑料监测、评估及防治技术研究与示范。

3. 陆海联防联控海洋灾害

以海洋灾害和环境突发事件为重点开展风险评估和区划，划定海岸带灾害重点防御区，制定实施差异化、有针对性的风险防范措施。建立海岸带涉海大型工程项目可行性论证阶段的风险评估制度，对已建工程项目开展风险隐患排查及治理。强化海洋生态灾害和环境突发事件陆海联防联控，健全海洋灾害观测监测、预警预报及应急管理体系，提升风险防范及应急处置能力。统筹运用工程减灾措施，完善生态系统减灾服务功能，提升海岸带地区综合减灾能力，构筑海岸带社会经济健康可持续发展的安全屏障。

二、海岸带科学利用格局

坚持陆域开发和海域利用相统筹、点上开发和面上保护相结合，将海洋资源优势与沿海产业转型升级和开放型经济社会结合起来，形成海陆产业相互支持、良性互动格局。以重点开发区域和优化开发区域内的建设空间为重点，统筹优化陆海基础设施建设布局，促进生产要素的有序流动和高效集聚，推进海岸带主体功能区布局形成。突出海峡、海湾、海岛、海岸的区域特色，打造沿海蓝色产业经济带。构建资源配置集约高效、产业结构优化升级、创新引领集聚发展的海岸带开发利用格局。

1. 集约高效配置海岸带资源

坚持资源节约集约利用的理念，统筹陆海资源保护与利用，推进海岸带资源供给侧改革，坚守自然岸线保有率的自然资源利用上线。严格执行土地使用、围填海年度计划，与土地资源相衔接，建立自然岸线保有率目标和围填海管控责任制。充分发挥市场在资源配置中的决定性作用，更好地发挥政府对市场引导和规范作用，推动海岸带空间资源利用由生产要素向消费要素转变，进一步提升海岸带空间资源配置效率，提高空间资源利用单位面积的经济产出和社会效益。

2. 调整优化海岸带产业结构

推进海洋传统产业转型升级，促进海洋战略性新兴产业加快发展，大力提升生产性服务业的质量和水平，构建现代化海洋经济体系。以优化产业布局、调整产业结构和提质增效为主线，做好海岸带地区不同行业发展规划的协调衔接，统筹推进陆海基础设施联动建设，要严控占用自然岸线的建设项目落地。坚持区域差异、协同发展，实现区域特色发展，推动陆海经济一体化和持续发展。

3. 创新引领海岸带集聚发展

陆海统筹优化海岸带地区城镇发展空间。强化海洋重大关键技术创新，促进科技成果转化，提升海洋科技创新支撑能力和国际竞争力。以海洋经济示范区为引领，培育壮大品牌鲜明、特色突出、核心竞争力强的优势产业集群，将示范区打造成为海岸带经济社会发展的重要增长极。建设资源节约型和环境友好型产业园区，推动海洋产业集聚发展，创新引领东部地区优化发展。

三、海岸带空间资源精细化管控格局

全面落实《海岸线保护与利用管理办法》，要以岸线功能为基础，沿海各省（区、市）按照《全国海岸线调查统计工作方案》的要求开展海岸线调查统计工作，并按照严格保护、限制开发和优化利用三种功能类型分段分类实施精细化管控，坚守自然岸线保有率的自然资源利用上线，加强自然岸线保护；坚持集约节约优先，提高岸线利用效率；强化岸线生态修复，探索海岸线"一线"管控海岸带管理新途径。

贯彻落实《中华人民共和国海岛保护法》，实施《海域、无居民海岛有偿使用的意见》。要以生态保护优先和资源合理利用为导向，建立健全基于生态系统的海岛综合管理体系，严格保护海岛及其周边海域生态系统，严守海岛自然岸线保有率。加强有居民海岛的生态保护，集约节约利用近岸海岛资源，严格按照主体功能区规划要求，管控海岛及周边海域的开发规模和强度。严格保护无居民海岛，原则上无居民海岛为限制开发，领海基点所在岛礁、自然保护区内的海岛为禁止开发，对可开发利用的无居民海岛实行产业准入目录制度，提高用岛生态门槛，完善无居民海岛有偿使用制度。

深入贯彻落实《关于完善主体功能区战略和制度的若干意见》和《围填海管控办法》，科学划定建设用海空间和围填海控制线，建设用围填海活动在建设用海空间内进行。重点保证保障国家重大基础设施、国防工程、重大民生工程和国家重大战略规划用海，优先支持战略性新兴产业、绿色环保产业、循环经济产业发展和特色产业园区建设用海。对在一定时期内需要安排多个围填海项目进行集中连片开发的用海项目，由省级人民政府按照相关规定和技术要求，在围填海控制线内做好用海规划；要坚持生态优先、集约节约原则，进行用海总体布局和计划安排，引导海洋产业优化布局和集中适度开发，注重生态和景观建设，强化生态补偿和保护修复措施，推进生态用海、生态管海，构建区域集约节约用海的新模式。

第六章　海岸带陆海统筹空间规划综合方法

第一节　海岸带空间功能陆海统筹方法

随着海洋经济的不断发展，海洋和陆地的联系在日趋紧密的基础上呈现多元化的态势。国内学者对"陆海关系"的研究逐渐从"以陆为主"过渡到"倚陆向海""以海拓陆"和"海陆互依"，陆海统筹的理念逐渐被社会各界认知。目前，我国陆海统筹理念已进入国家战略层面，"十二五"和"十三五"时期均将陆海统筹战略列入国家级发展规划，浙江海洋经济发展示范区、山东半岛蓝色经济区等一系列国家级区域规划相继通过国务院批准实施，江苏省出台的《南通陆海统筹发展综合配套改革试验区总体方案》，广西壮族自治区提出"泛北"方案向陆海并举延伸拓展，极大地促进了海岸带陆海统筹发展。党的十九大报告明确提出"实施区域协调发展战略""坚持陆海统筹，加快建设海洋强国"和"形成陆海内外联动、东西双向互济的开放格局"。

一、海岸带空间功能陆海统筹基本要求

海岸带空间功能陆海统筹管理就是要统筹规划陆地和海洋生态空间、城镇空间、农渔业空间布局，坚持生态优先、保护优先，充分尊重海岸带地区陆海兼备生态系统的完整性、自然联通性和规律性，以陆地和海洋的资源环境承载能力为基础，科学规划海岸带地区的生产、生活、生态空间布局，严守陆海生态系统的"资源利用上线""生态功能保障基线"和"环境安全底线"，协调好陆域和海域、开发与保护之间的关系。特别是要贯彻落实《海岸线保护与利用管理办法》，加强海岸线分类保护和节约利用，并以此为轴统筹协调海岸带地区资源环境保护和节约利用，实现经济效益、社会效益与生态效益的统一。

不同学者从不同角度对陆海统筹进行研究，较为典型的如国家战略说、原则说和统一规划说等。陆海统筹已逐渐成为我国加快建设海洋强国、传承海洋文明、构建陆海相容并济的可持续发展格局的一系列战略方针和政策的综合。目前较为普遍的认知是将陆海统筹作为战略思想和原则，用于指导陆地和海洋发展，即着眼于陆地和海洋两个地理单元的内在联系，统一规划陆地和海洋两个大系统的资源利用、经济发展、环境保护和生态安全，通过统筹主管部门、规划与资源市场，实现陆海一体化发展。

二、海岸带陆海空间功能初步统筹

在海岸带区域现有的空间规划包括土地利用规划、城市总体规划、主体功能区规划、

海洋功能区划、海洋主体功能区规划等，在城市总体规划、土地利用规划和主体功能区规划中，涉海部分主要集中在沿海滩涂区域，海洋国土的重要性尚未得到有效体现，而海洋功能区划也未完全实现与城市陆域在海岸带规划方面的衔接和协调。空间规划统筹就是按照国家空间规划试点方案要求，将陆地和海洋空间统一划分为城镇空间、农渔业空间和生态空间三个空间功能类型区。在海岸带陆地区域，可根据土地利用总体规划的规划类型，将城市、建制镇、建设与建筑用地、交通用地划归为城镇空间；将农田、养殖池塘、园地划归为农渔业空间；将湿地、林地、草地等划归为生态空间。在海岸带海域，可根据海洋功能区划类型，将工业与城镇建设用海区、港口航运区、矿产与能源区划归为城镇空间；农渔业区划归为农渔业空间；旅游休闲娱乐区、保护区、保留区、特殊利用区划归为生态空间。

三、海岸带陆海功能重叠区的统筹优化

针对土地利用总体规划与海洋功能区划的重叠区域，按照如下方案进行统筹优化。

（1）土地利用总体规划为居民地、工业建设用地，重叠区域的海洋功能区划也为工业与城镇建设用海功能区时，以实际区域发展现状及发展规划为主导，将土地利用总体规划中的居民地、工业建设用地与海洋功能区划中的工业与城镇建设用海功能区重叠区域，同时也是实际的工业与城镇发展空间及近期工业与城镇的拓展空间，则统筹为城镇空间。

（2）土地利用总体规划为居民地、工业建设用地，重叠区域的海洋功能区划为农渔业功能区或旅游休闲娱乐区或海洋保护区（保留区），则以海洋功能区划为主导，要求城镇、工业建设符合海洋功能区划的功能定位，逐步恢复功能区功能定位，相应农渔业功能区统筹为生态空间或农渔业空间，旅游休闲娱乐区、海洋保护区、保留区统筹为生态空间。

（3）土地利用总体规划为耕地，重叠区域的海洋功能区划为工业与城镇建设用海功能区时，以实际区域发展现状及发展规划为主导，将实际的工业与城镇发展空间及近期工业与城镇的拓展空间位于海洋功能区划的工业与城镇建设用海功能区内，占用耕地的区域界定为城镇空间。如果实际发展规划超出土地利用总体规划的工业与城镇建设用地时，以保障重点发展区域土地利用需求为目标，以实际发展规划为主导，适当扩大城镇空间，但城镇空间必须限定在海洋功能区划的工业与城镇建设用海功能区内。

（4）土地利用总体规划为耕地，重叠区域的海洋功能区划为农渔业功能区，根据实际开发利用现状，如果实际为耕地，则统筹为农渔业空间；如果实际开发利用为养殖池塘，也统筹为农渔业空间；如果开发利用现状为滩涂或海域，且具有渔业生产功能，也统筹为农渔业空间；如果实际开发利用为耕地和渔业以外的其他利用活动，也统筹为农渔业空间，并要求逐步退还农渔业空间。

（5）土地利用总体规划为滩涂湿地区域，重叠区域的海洋功能区划为农渔业功能区，按照生态优先的原则，统筹为生态空间。在典型、脆弱的河口、海湾区域，海洋功能区划

为农渔业区域的，按照生态优先原则，统筹为生态空间。

（6）土地利用总体规划为滩涂湿地，重叠区域的海洋功能区划为工业与城镇建设用海功能区，根据实际开发利用现状，如果实际为工业与城镇建设地及近期的工业与城镇建设拓展区域，则统筹为城镇空间；如果实际为滩涂湿地，但没有开发利用，近期也没有发展规划，或实际为旅游区，则统筹为生态空间；如果实际为耕地或养殖池塘，且近期没有发展规划，则统筹为农渔业空间。

（7）土地利用总体规划为滩涂湿地区域，重叠区域的海洋功能区划为海洋保护区或保留区，将重叠区域统筹为生态空间。

（8）土地利用总体规划为港口，重叠区域的海洋功能区划为港口航运区或工业与城镇建设用海功能区，根据实际港口开发利用现状和近期发展规划，将三者重叠区域统筹为城镇空间。

（9）土地利用总体规划为港口，重叠区域的海洋功能区为旅游娱乐区或农渔业区，根据实际的港口利用功能，以海洋功能区划为主导，逐步将港口向旅游休闲娱乐码头或渔业码头转变，三者重叠区域统筹为生态空间或农渔业空间。

（10）土地利用总体规划为旅游景观区，重叠区域的海洋功能区划为旅游休闲娱乐区或农渔业区，根据实际旅游区开发利用现状和近期发展规划，将三者重叠区域统筹为生态空间。

四、海岸线上下陆海空间功能统筹衔接

统筹衔接海岸线上下的海岸带陆地空间功能和海域空间功能，主要按照以下几点原则进行处理。

（1）海岸带陆地空间功能为城镇空间，毗邻海域空间功能为生态空间，则以海定陆，将海岸带陆地的城镇空间统筹为生态空间，实现海岸带生态保护的陆海贯通。

（2）海岸带陆地空间功能为城镇空间，毗邻海域空间功能为农渔业空间，则需要加强海岸带陆地城镇空间管控，防治海岸带陆地城镇空间开发建设、运营等各种人类活动污染、损害、占用海域农渔业重要空间。

（3）海岸带陆地空间功能为农渔业空间，毗邻海域空间功能为生态空间，也需以海定陆，在海岸带陆地农渔业空间的毗邻海岸线陆地区域进行农渔业空间后退，划出一定宽度的生态缓冲空间，以防止海岸带陆地农业活动影响海洋生态保护。

（4）海岸带陆地空间功能为农渔业空间，毗邻海域空间功能为城镇空间，根据实际情况将城镇空间统筹为农渔业空间或压缩海域城镇空间。

（5）海岸带陆地空间功能为生态空间，毗邻的海域空间功能为城镇空间，如果海域城镇空间没有实际开发利用，则将海域城镇空间统筹为生态空间，进行陆海生态空间斑块整合；如果毗邻的海域城镇空间已经开发利用，则根据实际情况，压缩海域城镇空间范围，至少要在海域城镇空间与陆地生态空间之间预留一定宽度的海洋生态缓冲空间。

（6）海岸带陆地空间功能为生态空间，毗邻的海域空间功能为农渔业空间，则需要严

格控制农渔业空间开发利用强度，禁止在近岸农渔业空间围海、填海和进行各种开发建设活动。

（7）海岸带陆地为生态空间，毗邻的海域空间功能也为生态空间，则整合为海岸带陆海生态空间，实施海岸带生态空间整体保护与监管。

第二节　海岸带生态环境保护陆海统筹方法

陆海统筹是在陆地与海洋两大系统之间建立的一种资源利用、经济发展、环境保护、生态安全的综合协调关系和发展模式，是世界各沿海国家在制定和实施海洋发展战略所遵循的根本理念。党的十八届三中全会明确提出，要改革生态环境保护管理体制，"建立陆海统筹的生态系统保护修复和污染防治区域联动机制"。《国民经济和社会发展第十三个五年规划纲要》中再次提出"坚持陆海统筹，发展海洋经济，科学开发海洋资源，保护海洋生态环境，维护海洋权益，建设海洋强国"，这标志着我国经济社会发展从以陆域为主到陆海统筹的战略性转变，从根本上打破了重陆轻海的思维定式。因此，做好海洋与陆域生态环境保护领域的统筹协调与有效衔接，既是贯彻落实国家重大方针政策的重要举措，也是促进海洋和陆域全面、协调、均衡、可持续发展，建设海洋强国的必然选择。

一、河长制—湾长制的衔接与协同

由于海水污染的流动性、系统性，周边地区排放的污染物以及相邻海域跨界污染问题，所以海洋生态环境质量的改善离不开区域性的共同努力。因此，需要整合区域海洋环境保护资源和力量，以陆海统筹为契机，制定从山顶到海洋一体化的污染控制和综合治理方案，建立区域海洋环境保护合作机制，将河长制与湾长制有效衔接，开展河长、湾长轮岗制试点工作，在环境管理、污染防治、生态保护、环境科技与产业等领域全方位开展协同合作，有利于提高区域海洋环境保护与治理的整体水平，进一步改善区域海洋生态环境状况（图6-1）。

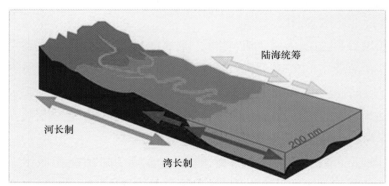

图6-1　河长制与湾长制的有效衔接

66

1. 河流湖泊——河长制

从河湖现状出发，坚持问题导向，需求牵引，积极开展水资源保护和水污染防治工作。①加强水资源和水源地保护工作，全面落实最严格水资源管理制度；②加强陆域河流湖泊的水污染防治，统筹水上、岸上污染治理，排查入河湖污染源，优化入河排污口布局，积极开展工业污染、农业农村面源污染、城镇污染综合治理和排污口整治，加大黑臭水体治理力度和河湖塘库清淤；③坚持整体系统治理与生态修复理念，严格河湖岸线空间管控，严禁侵占河道、围垦湖泊，加强岸堤、湖堤生态整治修复。强化河流作为生态绿道与流动载体作用，有效衔接河长制与湾长制，打通陆海生态联系与管理界限；④严格河湖水质管理和生态保护，加强执法监管，规范河道采砂。

2. 河口海湾——湾长制

以海岸带为重点区域，按照陆海统筹、河海兼顾思路，加强河长制与湾长制的有效衔接，系统推进海洋污染防治。①向陆追根溯源，全面排查入海污染源，严格滨海地区排污监管，加快沿海地区生活污水、工业废水处理设施建设及升级改造，严格审批和规范沿岸入海排污口设置。积极开展入海污染物总量控制制度，强化海水水质考核目标与区域环境综合质量目标的有效衔接；②向海重点关注海上污染来源，强化海上污染监管，建立实施海上污染物排放许可制度，严格船舶溢油污染和港口污水达标排放，抓紧制定海洋生态养殖标准和养殖污染物排放标准，强化海洋工程排污的全过程监管；③强化海洋空间资源管控和景观整治，严格控制新增围填海，保护恢复自然岸线和亲水空间，控制固体垃圾输入和海洋垃圾清理；加强滩涂湿地、重要渔业资源用水区域的保护与修复；④强化执法监管，建立日常监管巡查制度和跨部门联合执法监管机制，组织开展定期和不定期的执法巡查、专项执法检查和集中整治行动。

二、流域–河口复合生态系统管理

流域–河口复合生态系统由流域、河口和入海河流等组成，通过入海河流将河口海域与上游流域相互贯通共同形成一个陆海复合生态系统。流域处于陆地上游，是淡水、泥沙、营养盐、污染物等物质产生的"源"区域；河口处于靠近海洋的流域下游区域，是入海河流进入海洋与海洋水体混合的区域，是径流、泥沙、营养盐、污染物等物质最后归宿的"汇"区域。入海河流则是连接上游流域与下游河口的纽带，是上游流域径流、泥沙、营养盐等物质向下游河口区域输运的"廊道"。流域–河口复合生态系统耦合机制复杂，生态敏感，脆弱多变，上游流域植被、气候、人类活动等任何一个环境条件的变化都会通过河流影响河口生态系统的结构和功能。上游流域大量的人类活动，尤其是农业种植和人畜粪便产生的过量营养物质，由河流径流挟带输入河口海域，则会造成浮游植物的大量繁殖，引发赤潮、绿潮等海洋自然灾害。上游流域其他化学污染物质进入河流，被携带至河口水域也会造成河口水域污染，水体质量下降，生态系统退化。上游流域人类活动在河道筑坝修建水库电站，会拦截河流汛期水沙，导致河口来水来沙减少，同时也拦断溯河洄游鱼类通道，影响洄游鱼类繁殖。

流域-河口复合生态系统管理就是将流域-河口作为一个整体管理目标，根据河口生态系统健康稳定的基本要求，确定流域入海径流、泥沙、营养盐、污染物的适宜规模，及河口人类活动干扰破坏的最大阈值。以此为依据，将涉及流域、河口的地区（行政区域）或部门（环保、海洋、林业以及其他有关部门）进行统一协调，建立各个涉及部门齐抓共管，各自分工的管理体制，以优化利用流域-河口复合生态系统内各种资源，形成生态经济合力，产生生态经济功能和效益。河口环境管理必须从流域-河口复合生态系统角度，坚持陆海统筹、河海兼顾、区域联动，以近岸海域水质目标考核制度和重点海域污染物总量控制制度等为重要抓手，摸清河流、排污口、大气沉降、海水养殖、海洋工程排污等陆海污染源家底及其环境归趋和污染贡献，分区评估近岸海域环境容量和相关联陆域污染减排成本，把近岸海域环境质量改善的要求融入国家水气污染减排和流域综合治理的总体战略布局。坚持海水污染从陆上源头治理，在海上末端监督；实行治海先治河，治河先治污，河海共治模式。

三、基于生态系统的海岸带环境综合管理

海岸带是陆地生态系统与海洋生态系统的交接地带，是全球重要的一条生态交错带，具有海洋生态系统、陆地生态系统、潮间带生态系统多种特点。海岸带是典型的社会-经济-自然复合生态系统，人类社会与生态系统的相互作用显著，必须以生态系统为原理实施基于生态理念的海岸带综合管理，既可实现自然资源的最佳持续利用——社会和经济目标，同时也可实现保护海岸带的生物多样性和关键生境——生态系统目标，实现生态系统与社会经济系统之间的平衡。

基于生态系统的海岸带综合管理，可加强海岸带陆海保护区空间整合和保护目标衔接，实现海岸、海滩、海湾、海水、海岛的协同保护，并将其纳入沿海地方政府保护区建设与发展规划，基本形成国家级和地方级海洋保护区网络体系。同时可统筹规划"蓝色海湾""南红北柳""生态岛礁"等重大生态修复工程布局，围绕工程建设，确立一批标志性重点建设项目，做好项目储备、论证和实施，有效遏制典型海洋生态系统的生态破坏与退化趋势。积极推广基于生态系统的海岸带综合管理新模式，以区域生态治理推进跨部门、跨行政区的陆海联动和协调合作，加强对岸滩的综合整治修复，拓展公众亲水岸线岸滩，让人民群众享有切实的获得感。

实施基于生态系统的海岸带综合管理，首先必须以国家生态环境监测网络建设的总体要求和目标为指导，做好海洋生态环境监测体系与陆地生态环境监测体系的协调对接，对相关联的生态环境要素统一监测指标和技术标准，促进数据共享，建立信息共享平台。特别是要加强国家海洋环境实时在线监控系统建设，实现各类人为开发活动的压力状况及对海洋生态环境影响的过程、范围和程度等的立体、动态、全过程监控，系统开展海岸带地区资源环境承载能力、海洋生态环境风险等的评估预警，为落实海洋生态环境保护责任提

供精准化监督信息，为实施基于生态系统的适应性管理和动态管理提供决策支撑。同时要加强海岸带地区陆海生态灾害和环境事故风险的联防联控，排查海岸带环境灾害风险源和风险点，科学制定灾害风险区划、信息共享和应急响应体系，切实保障海岸带地区的生产安全、生态安全、公众财产和健康安全。

第三节　海岸带陆海统筹综合分析方法

海岸带海陆环境迥异，海陆相互影响、相互作用关系密切。因此，海岸带陆海统筹空间规划编制必须统筹考虑海陆多种因素，综合分析海陆各个因素之间的耦合关系，包括流域–河口、陆地–海洋功能一致性、围填海区域等。

一、海岸带陆海统筹综合分析方法

1. 流域–河口统筹综合分析法

对于河口区域，根据河口生态环境保护要求，从流域–河口复合生态系统角度，提出流域保护与开发利用管理要求。

2. 海陆空间功能一致性统筹综合分析法

对于海陆衔接的海岸带区域，根据海陆保护与利用功能定位一致性原则，统筹定位海岸带保护与利用功能。

3. 围海养殖区域统筹综合分析法

对于围海养殖区域，根据海洋生态环境保护需求，结合蓝色海湾整治修复工程，制定蓝色海湾整治修复规划，分片有序地实施退养还滩、退养还湿工程，恢复围海养殖滨海湿地区域原有的自然景观和生态系统服务功能。根据海岸带陆海保护与利用现状，纳入海岸带陆海统筹空间规划总体范围，制定详细的陆海统筹功能区管控要求。

二、海岸带陆海统筹空间规划中几种关系的处理

1. 自然属性与社会属性关系的处理

自然属性是划分和确定海岸带陆海统筹空间功能单元的先决条件。海岸带保护与利用功能定位及其功能区范围的确定，首先是由其自然资源和资源环境所决定的。海岸带资源的开发利用，只有充分认识和利用自然规律，并严格遵从自然规律，才能实现自然资源的持续利用。社会属性是划分海岸带陆海空间功能单元的充分条件。社会属性强调的是人类对海岸带资源功能如何利用，何时利用，以及利用的程度和深度。它体现在由社会条件和社会需求而作出的各种不同层次的发展战略、规划和计划之中。社会属性应

体现出对海岸带资源开发利用方向和产业布局的总体把握和资源环境利用、保护最佳效益的选择。

2. 海岸带陆海统筹空间规划与海岸带开发利用现状的关系

海岸带陆海统筹空间规划编制是对海岸带空间保护利用现状的一次再认识。尽量把海岸带陆海统筹空间规划和海岸带保护与开发利用现状结合起来，按照有缓有急，有主有次，有先有后原则合理地选定功能，凡已开发利用的功能与主导功能一致的，予以保留；在功能顺序中，已开发利用的功能虽然不是主导功能，但与主导功能不存在根本矛盾，则这种开发现状在近期内可予保留，但须在报告中加以阐述，在以后的海岸带陆海空间规划中适当限制其规模，转向主导功能的开发；由于认识上的原因或历史遗留问题导致开发现状不合理，与确定的主导功能存在根本性矛盾时，应在报告中阐明开发的不合理性，建议调整开发方向。

3. 海岸带陆海统筹空间规划与各类行业规划的关系

海岸带陆海统筹空间规划是各类相关行业规划的基础，它主要依据海岸带的自然属性，确定海岸带保护与开发利用的功能定位与空间布局。各类相关行业规划主要立足于实现最佳经济效益，并符合价值规律，它是在海岸带陆海统筹空间规划所依据的条件上，规划海岸带开发利用的具体方案、技术方法、时间步骤与投资保障等。海岸带陆海统筹空间规划和各类行业相关规划都是人们通过海岸带区域条件的客观认识所制定的一种选择性安排，以便于组织各种开发活动。海岸带陆海统筹空间规划可对规划的合理内容进行融合和兼顾，对不合理的内容进行协调和整治。

4. 海岸带保护与开发利用的关系

海岸带陆海统筹空间规划按照生态环境保护与可持续发展的观点，突出环境保护治理与资源整治修复，把生态环境保护放在首位，对不同海岸带功能区，提出污染物排放总量控制目标和功能区环境质量标准与要求，制定海岸带资源整治修复的目标。海岸带的开发利用以保护和维持海岸带功能区资源环境质量为前提，强调环境保护与治理。

5. 重叠功能之间的关系

由于海岸带空间开发利用的多样性，同一区域往往会出现不同功能多层次的重叠问题，其中既有功能间互不干扰的功能区重叠（可兼容性或一致性），又有功能间明显矛盾或冲突的功能区重叠（排他性或不兼容性）。如果各功能利用互不干扰，有时还有利于发挥综合效益，那么此功能区为多功能同时并存，做到对多种资源合理开发，相互兼容，各得其所。如果各功能间存在矛盾或不兼容时，依据国家法律、法规和区划原则，进行取舍。

确定海岸带保护与利用功能区类型排序的主要依据有以下原则。

（1）优先考虑海岸带生态系统的完整性和可持续利用，并能带动区域经济发展或对全局起重要作用的功能。

（2）保护、保留功能优先于其他功能。

（3）资源和环境备择性窄的功能优先于备择性宽的功能。

（4）再生资源与非再生资源存在矛盾时，优先考虑再生资源。

三、围填海造地区域陆海统筹综合方法

围填海作为以海拓陆的重要方式，为保障我国东部沿海地区率先发展和国家重大战略布局发挥了关键性作用，为国家产业布局和结构调整创造了有利条件。围填海区域陆海统筹管理应从围填海区域的陆海统筹空间规划、围填海区域的陆海统筹综合管理、围填海区域的陆海统筹综合发展三个维度着手统筹，全面提升海岸带陆海资源优化配置、陆海经济协同发展、陆海生态联动保护能力。

（1）空间规划陆海统筹

围填海区域所处空间位置根据围填历史阶段有所差别，2010年以前的围填海区域多位于土地利用规划覆盖范围内；2010年以后围填海区域一般位于海洋功能区划覆盖的海域空间范围内。土地利用规划范围内的围填海区域，可根据土地利用规划类型，将城市、建制镇、建设与建筑用地、交通用地范围内的围填海区域划归城镇空间；将农田、养殖池塘、园地划归农业空间；将湿地、林地、草地等范围内的围填海区域划归生态空间。海洋功能区划范围内的围填海区域，可根据围填海所在的海洋功能区类型，工业与城镇建设用海区、港口航运区、矿产与能源区的围填海区域划归为城镇空间；农渔业区的农业围垦区域划归为农业空间；旅游休闲娱乐区、保护区、保留区、特殊利用区的围填海区域划归为生态空间。

（2）综合管理陆海统筹

根据海岸带围填海区域的权属管理状态，进行自然资源部不动产统一登记分类管理。对于已纳入土地管理，具有土地利用权属的围填海区域，进行土地不动产统一登记，按照土地利用及其用途进行分类管理。对于依法确权，具有海域使用权属，且已完成围填海工程施工的区域，根据《中华人民共和国海域使用管理法》第三十二条，"填海项目竣工后形成的土地，属于国家所有。海域使用权人应当自填海项目竣工之日起三个月内，凭海域使用权证书，向县级以上人民政府土地行政主管部门提出土地登记申请，由县级以上人民政府登记造册，换发土地使用权证书，确认土地利用权"。督促围填海海域使用权人尽快完成填海项目竣工验收，进行土地不动产统一确权登记，并将围填海区域海域使用管理纳入土地使用管理。对于未确权的围填海区域，将海域使用权收归国有，成立海域使用权储备管理机构，统一负责未确权围填海区域管理。海域使用权储备管理机构，根据围填海区域所处的功能用途区域分类管理。工业与城镇建设用海区、港口航运区、矿产与能源区的围填海区域，纳入建设用海区域储备管理；农渔业区的围填海区域，纳入农渔业用海储备管理；保护区、保留区、旅游休闲娱乐区、特殊利用区的围填海区域，利用海域整治修复与生态建设等资金，实施生态修复与生态建设，恢复海洋生态环境功能。

（3）产业布局陆海统筹

围填海区域是依陆临海的稀缺海岸空间资源，既具有土地资源中的临海优势，可直接配设港口码头，通达国内外市场；又具有海域资源的依陆优势，可与陆地交通、通讯、水电等基础设施网络贯通，是布局海岸带临海产业的最佳区域。因此，围填海区域产业布局应充分挖掘海洋资源优势，打造资源在海域采集和生产，产品在围填海区域初加工和深加工，商品在陆地区域包装和销售的陆海产业延伸链，使围填海区域成为承接海洋资源上岸，加工提升海洋资源价值，制造优势海洋产品的沿海产业集中区，以及海洋产品流通扩散服务国内外市场的产品"源头"与运转枢纽区。同时，围填海区域产业布局还应注意集中优势，功能分布，区域协作，产业链接，打造品牌，形成围填海区域临海型产业集聚带。

第四节　海岸带陆海统筹重点工程

根据海岸带海陆统筹综合管理工作要求，以打造集约高效的生产空间、构建宜居适度的生活空间、守住山清水秀的生态空间为管理目标，从海岸带产业结构优化升级、流域-河口联防联控、海岸带整治修复与生态保护、海岸线保护与集约利用、海岸带减灾防灾、围填海管控等方面认真谋划海岸带重点规划工程，找准海陆统筹管理抓手，深入推进基于生态系统的海岸带综合管理工作。

一、海岸带产业结构优化升级工程

遵从海岸带开发适宜性评价结果和区域发展需求，推动海岸带空间利用由生产要素向消费要素和生态功能转变。灵活选择海岸带开发模式，优化海陆产业结构和空间布局，增强海陆产业的紧密连接。推进海洋经济示范区建设，鼓励海洋战略性新兴产业和生态保护型旅游业等发展，打造具有竞争优势的海岸带产业集群。构建海陆生态协调、海陆产业结构优化升级的支撑体系，推动海岸带经济提质增效转型升级。

根据所辖海岸带区域自然条件和资源开发利用状况，在规划中要明确区域生态保护红线、环境质量底线、资源利用上限和环境准入负面清单（三线一单），禁止产业结构调整指导目录中限制类、淘汰类项目以及产能严重过剩行业新增产能项目，限制"两高一资"产业在海岸带区域布局。围绕海岸带区域发展的重点领域和关键环节推动体制机制创新，加快实现增长动力由要素驱动向创新驱动发展。积极开展海洋经济发展示范区创新引领和先行先试，高标准、高水平建设海洋经济发展示范区，持续拓展示范区试点的深度和广度，将示范区打造成为全国海岸带地区社会经济发展的重要增长极和样板间。

二、流域-河口联防联控工程

以改善海岸带地区陆域和海域环境质量为目标，秉持陆海统筹、河海兼顾、区域联动的原则，以近岸海域水质目标考核制度和重点海域污染物总量控制制度等为重要抓手，建立流域污染治理与河口及海岸带污染防治的衔接机制，把近岸海域环境质量改善的要求融入水、气污染减排和流域综合治理的总体战略布局，严守环境质量底线，依托"河长制"，建立"湾长制"，开展"流域–河口–海湾"统筹的联防联控、综合整治，切实改善海岸带区域综合环境质量。

三、海岸带整治修复与生态保护工程

进一步推进海岸带区域环境整治修复与建设，因地制宜实施"南红北柳"湿地修复、"银色沙滩"岸滩整治、"蓝色海湾"环境修复、"生态岛礁"海岛恢复以及海岸带公共服务设施建设等工程，恢复海岸带景观和生态服务功能。建立实施生态补偿制度，开展退养还滩、退养还湿、流域–海域生态补偿试点。

以基于生态系统的综合管理理念为指导，统筹规划区域联动的海岸带生态保护工作，划定并严守陆域、海域生态保护红线，将自然岸线、海湾、河口、滨海湿地等纳入海洋生态保护红线区，将海岸带生物迁徙、洄游、繁殖、索饵等的重要栖息地、生态廊道等划定为禁止开发区和限制开发区，加强陆域和海域各类生态空间的联动监管。加强海岸带地区生物多样性监测和保护，实施生物种质资源保护、生物种群保护和救护、重要生物栖息地保护、外来入侵物种综合防控等系列工程。加快陆海统筹、河海兼顾的海岸带保护区网络建设，建设一批海岸带地区的国家公园，保证海岸带区域生态空间实现净增长。

四、海岸线保护与集约利用工程

根据海岸线自然资源条件和开发程度，将海岸线划分为严格保护、限制开发和优化利用三个等级，并分别提出各个保护级别的具体管控要求。禁止在保护范围内构建永久性建筑物或围填海，鼓励开展沙滩养护、湿地修复等整治修复活动。严格控制改变海岸自然形态和影响海岸生态功能的开发利用活动，预留未来发展空间，严格海域使用论证、审批；鼓励开展退堤还海、清淤疏浚、生态廊道建设等整治修复活动。集中布局确需占用海岸线的建设用海，严格控制建设项目占用海岸线长度，优化岸线利用格局，提高岸线开发的投资强度和利用效率。控制单个项目填海面积，发布实施主要海洋产业填海项目控制指标，推行岸线控制、面积控制、平面设计控制等围填海项目审查控制指标，提高单位岸线长度和单位海域面积的使用效益。

五、海岸带减灾防灾工程

根据海岸带区域功能定位和空间划分，以海洋灾害为重点开展风险评估和区划，划定灾害重点防御区，制定实施差异化、有针对性的风险防范措施。针对位于重点防御区的涉海产业园区、大型工程项目，建立海岸带涉海大型工程项目可行性论证阶段的风险评估制度。强化海洋生态灾害和环境突发事件陆海联防联控，提升风险防范及应急处置能力。全面加强海岸带区域灾害风险防范，提升综合减灾能力，构筑海岸带社会经济健康可持续发展的安全屏障。

六、围填海管控工程

坚持"区划统筹、规划引导、计划调节、科学论证、严格审批、强化监管"的围填海管控制度，着重从"控制规模、计划管控、节约利用、消化存量、加强监管"五个方面入手。实行围填海总量控制制度，围填海面积必须符合海洋生态环境承载能力和国民经济宏观调控总体要求，加强海洋功能区划的功能管控和用途管制，各省不得突破区划确定的建设用围填海控制数，确保至 2020 年，全国建设用围填海面积控制在 $24.69 \times 10^4 \ hm^2$ 以内。严格执行围填海计划管理制度，按照适度从紧、集约利用、保护生态、海陆统筹的原则，科学合理地确定全国和各省围填海计划指标。全国和各省围填海年度计划指标保持稳定，原则上不再上浮和年中追加。对于超计划指标进行围填海活动的，一经查实，按照"超一扣五"的比例在该地区下一年度核定计划指标中予以相应扣减。强化围填海活动全过程的监督管理制度，实施区域建设用海规划、重大围填海项目执行情况动态监测、竣工验收、后效评估与月报（年报）制度，及时发现和规范违规违法围填海活动。开展违法用海专项整治行动，严肃查处边申请、边审批、边施工的"三边工程"以及化整为零、越权审批的做法。实施区域性、行业性围填海差别化管理制度，对于河口、海湾等海域空间有限、生态环境脆弱的区域，实施更为严格的围填海管理措施。对于产能过剩行业、限制类和淘汰类围填海项目，不办理海域供应，不审批项目。对于没必要临岸布置的行业，不准使用岸线，不安排临岸海域供应，严格控制交通运输行业对自然海岸线的大量占用和破坏。发挥市场在海域资源配置中的经济杠杆作用，盘活围填海存量资源，大力发挥经济杠杆作用，细化和提高围填海海域使用金征收类型和征收标准，推进经营性围填海项目招拍挂出让，规范二级市场流转，盘活区域建设用海规划范围内围填海存量。

海岸带保护与利用重点工程规划内容见图 6-2。

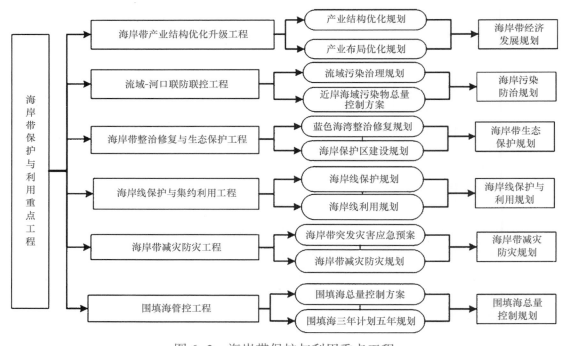

图 6-2　海岸带保护与利用重点工程

下　篇
海岸带陆海统筹
空间规划实践应用

第七章　宁波市海岸带资源环境概况

第一节　宁波市地理区位

宁波市位于我国沿海经济带"T"字形交汇处，长江流域经济带"龙头"区域，长江三角洲的中心地带，是我国最早的对外通商口岸之一，是长三角经济圈海域扇面的核心主体组成部分。宁波市处于长江三角洲的东南角，东临舟山和东海，西与绍兴市的上虞、嵊州和新昌交界，南与台州市的三门和天台为邻，北与上海和舟山隔海相望。宁波市陆域总面积为 9 816 km²，海域总面积为 8 232.9 km²，有岛屿 614 个，岸线总长为 1 594.4 km，约占浙江省海岸线的 24%，拥有丰富的海陆资源，特别是海洋资源优势在长三角地区得天独厚。宁波市海域由"五洋三港湾"构成，"五洋"即横水洋、峙头洋、磨盘洋、大目洋、猫头洋，"三港湾"即杭州湾、象山港和三门湾。杭州湾和三门湾分别从北边和南边挟裹，象山港从中间嵌入陆地，岸线曲折，海岛星罗棋布。

宁波市是"一带一路"建设和"海上丝绸之路"建设中的重要门户，是浙江省大湾区建设的发展引擎、创新平台以及长三角城市群协调发展的主要都市圈。国家海洋强国建设战略实施、我国"一带一路"国际发展战略部署、长江经济带战略规划落实以及全球范围内的湾区驱动发展思路都为宁波市内优外拓的跨越式发展提供了前所未有的战略机遇。宁波-舟山港是我国沿海主要港口之一和区域性中心港口之一，是上海国际航运中心的重要组成部分。杭州湾跨海大桥建成后，长三角中心地区上海与宁波的相互辐射和融合进一步加强。所形成的区位优势，为宁波市作为长三角南翼的经济中心，接轨大上海，融入长三角，建设海洋经济强市提供了良好的外部条件。宁波是中国华东地区重要的工商业城市，也是浙江省经济中心之一。2017 年全市 GDP 达 9 847 亿元，经济增速达 7.8%。2017 年末常住人口 800.5 万人，总人口 1 000 万人左右（含暂住人口），常住人口城镇化水平达 72.4%，三次产业比例 3.5∶51.5∶45.0。

宁波市陆海统筹空间规划研究范围如图 7-1 所示，涵盖宁波市所辖全部陆域和海域空间区域范围，同时考虑陆海统筹和区域协调发展战略研究的需求，适当向长江经济带、浙江省大湾区的邻接地区拓展和衔接。

陆海统筹重点研究区域是以大陆海岸线为轴的宁波市海岸带地区，向陆延伸至沿海县级行政区边界，向海延伸至宁波市海洋功能区划外边界，同时综合考虑流域-河口-海域生态系统整体性和完整性、陆域和海域产业经济联动性等进行适当调整，将研究区域划分为区域协调发展区、宁波市域、重点区和拓展区。重点研究区域评价单元细化至乡镇级行政区。

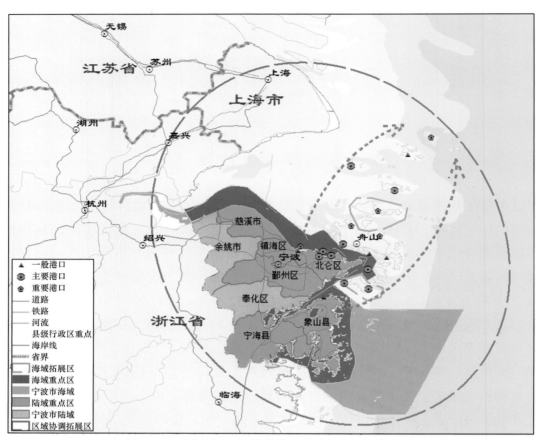

图 7-1　宁波市陆海统筹空间规划研究区域范围

第二节　宁波市生态环境基本条件

　　宁波市拥有丰富、独特的山、水、林、田、湖资源，全市域内森林覆盖率达 48.8%，拥有国家级、省市级森林公园 24 座；河流湖泊众多、水网密布。宁波市岸线曲折，为大陆岸线最长的沿海市；港湾众多，有大小港湾 60 余处，三门湾、象山港、杭州湾姿态各异。在海湾周边，有着大量的近岸岛屿、国家级自然保护区、国家级海洋公园等。类型多样的生态系统孕育了丰富的生物资源。

　　"山水林田岛、江河湖海湾"多元地理要素，构成了"一海三江四脉多廊道"的宁波陆海自然空间格局，是宁波市水源涵养、土壤保持、生物多样性保护的重要生态本底。其中"一海"是指宁波整个管辖海域，包括滨海海岸带，杭州湾、象山港、三门湾等海湾，渔山列岛、花岙岛、旦门山岛等海岛；"三江"是指宁波市域内余姚江、奉化江、甬江等大江大河；"四脉"是由森林、湖泊等组成的 4 条生态廊道，包括 1 条南北走向的生态廊道；3 条东西走向、沟通海陆的生态廊道①（图 7-2），以及由河流-滨海湿地-海湾河口等构成的多条联通海陆的生态间隔带。

―――――――――――――

　　① 　a. 四明山脉生态廊道；b. 丹山赤水景区-河姆渡遗址-五磊山景区-向东入海；c. 斑竹森林公园-阳光海湾-横溪水库-东钱湖-天童国家森林公园-九峰山景区-瑞岩寺森林公园-向东入海；d. 黄坛水库-灵岩山景区-蓬莱山-松兰山景区-向东向南入海。

图例
—— 河流
湖泊
海域
沿海滩涂

图 7-2　宁波市海陆自然空间格局

　　宁波市城市总体规划（2006—2020 年）（2015 年修订）将宁波市域共划分为四类生态功能区：西部、南部山地生态管护区；北部平原、南部丘陵农林生态控制区；城镇及城郊发展生态重建区以及近海海岸带生态区（表 7-1）。考虑海洋自然地理特征和生态系统的完整性、主导生态功能的差异性，对宁波市陆海生态区进行了进一步划分，将其划分为杭州湾区、宁波-舟山港口区、象山港区及三门湾区（图 7-3）。

表 7-1　宁波市域生态功能分区情况①

生态功能区	生态亚区	管控措施
西部、南部山地生态管护区	镇海-慈溪水源涵养生态亚区、四明山水源涵养生态亚区、奉化西部水源涵养生态亚区、宁海西部水源涵养生态亚区、宁海中部林地生态亚区、象山西部北部林地生态亚区、东钱湖风景林地生态亚区	以生态涵养为主，做好退耕还林、封山育林，建设水源涵养林，开展小流域综合治理
北部平原、南部丘陵农林生态控制区	余姚农业生态亚区、慈溪农业生态亚区、鄞奉农业生态亚区、奉化南部农林生态亚区、宁海农林生态亚区、宁海象山南部农业生态亚区	以生态治理和减少农业面源污染为主，保护生态环境，保障基本农田，治理水土流失，控制污水排放，实施低密度开发；适度发展乡村旅游、农业观光等生态旅游活动

---

　　①　引自宁波市城市总体规划（2006—2020 年）（2015 年修订）。

续表

生态功能区	生态亚区	管控措施
城镇及城郊发展生态重建区	三江片生态亚区、北仑片生态亚区、镇海片生态亚区、大榭-白峰生态亚区、东部滨海生态亚区、慈溪沿路沿海城镇群生态亚区、余姚中心城市生态亚区、慈溪中心城市生态亚区、杭州湾新区生态亚区、余姚滨海新城生态亚区、奉化中心城市生态亚区、宁海县城生态亚区、象山县城生态亚区	以减少工业排放和生态恢复性建设为主，实施组团式城市发展，调整优化工业结构和布局，加强污染综合治理；合理引导人口、产业相对集聚，建立生态走廊，提高城镇连绵区环境质量；加强城市景观建设，完善城市游憩休闲功能；严格履行河道管理范围内建设项目工程建设方案审查制度，严格落实生产建设项目水土保持方案制度
近海海岸带生态区	杭州湾亚区、象山港亚区、三门湾亚区、横水洋亚区、峙头洋亚区、磨盘洋亚区、大目洋亚区、猫头洋亚区	以减少工业污染物排放，保护近海生态环境为主。合理开发杭州湾，控制排放总量，改善生态环境；保护利用象山港，加强生态修复，搬迁污染源，控制开发规模；控制统筹三门湾，避免掠夺性填海

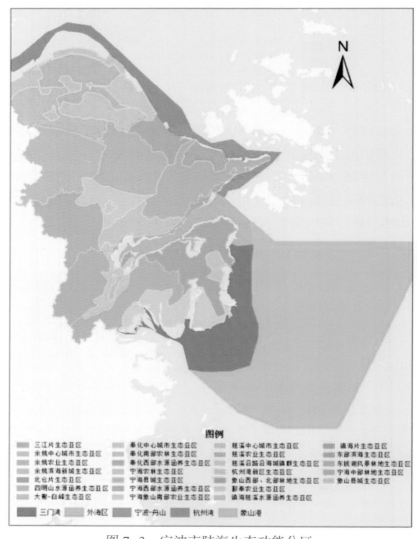

图 7-3　宁波市陆海生态功能分区

杭州湾区：主要包括余姚市、慈溪市、杭州湾新区和镇海区的杭州湾沿岸区域。杭州湾位于钱塘江入海口处，是由钱塘江入海形成的喇叭状河口湾，也是世界著名的强潮河口海湾，岸滩冲淤变化剧烈，湾内形成了复杂的地貌特征。涨潮时海水主要由湾口镇海-舟山、舟山-岱山、岱山-大衢山、大衢山-北岸四条通道由东向西传入，北部的潮流流速比南部强。落潮时，潮流方向自西向东，水体主要通过湾口南部流入外海，有利于南部污染物向外扩散。因地处钱塘江入海口，咸淡水汇合区，加之受杭州湾环流影响，历来为多种鱼虾类产卵繁殖、稚幼鱼生长、索饵的场所及洄游通道。区内拥有国家级杭州湾湿地和重要河口生态系统。其中，杭州湾湿地是中国南北滨海湿地的分界线，被列入《中国重要湿地名录》。

宁波-舟山港口区：西起甬江口，往东经北仑港区，绕穿山半岛止于梅山岛，主要包括镇海、北仑、穿山、大榭、梅山等，是全球货物吞吐量最大的港口。该区域拥有金塘水道、螺头水道、册子水道、马峙锚地、佛渡水道等多个水道，水道纵横交错、四通八达，港口航道资源丰富，沿岸水深10~20 m，外有舟山群岛遮挡，风浪隐蔽条件好，建港条件优越。潮流的流动形式以往复流为主，涨、落潮流主流流向与水道走向极为一致，与等深线走向基本一致，金塘水道西部为西北—东南向，东部为西南西—东北东走向，中部为东西向，南部为西北西—东南东向。同时，该区域又是石化产业的聚集地，包括石化经济园区、镇海液体化工储罐区、大榭石化产业园、白峭头化工区等多个化工区，是整个宁波市域危化品高风险区域。

象山港区：包括奉化、鄞州、宁海和象山北部地区。该区环山面海，岸线曲折、海岛众多，整体海域含沙量较低，是世界第六大城市群唯一的清澈海湾，具有良好的人文生态资源条件。区内有凫溪、大嵩江等37条河川溪流注入，营养物质丰富，生物多样性较高，是鱼、虾、贝、藻等海洋生物栖息、生长、繁殖和越冬的优良场所，也是浙江省水产养殖和贝类苗种的主要基地之一。同时，象山港作为半封闭性狭长形港湾，潮流运动整体呈往复流性质，流速分布从港口向港顶减小；水体交换慢，换水周期约83天，自净能力弱，极易遭受损害而造成严重的生态环境问题，因此，象山港整体又是一个生态敏感的脆弱海湾。

三门湾区：包括宁波市象山县南部和宁海县南部区域以及台州市的三门县。三门湾为半封闭海湾，三面环陆，大部分海区潮流为往复流，受地形和潮流影响，海水的自净和纳污能力十分有限，大潮和小潮期间不利于湾内污染物向湾外扩散，而在平潮时有利于湾内污染物向外扩散。除尖洋岛北面有石浦水道与外海相通外，湾内仅有小河如白峤港、海游溪等注入，湾内历经各历史时期的地貌发育演变，形成6个良好深水港汊和淤泥舌状滩地相间分布，主要为岳井洋、胡陈港、沥洋港、蛇盘北港、蛇蟠水道和健跳港，构成了独特的港湾淤泥质地貌。作为宁波市与台州市共有的大型宽浅型港湾，湾顶潮差大、汊面广，湾内滩涂资源丰富，水质肥沃，海水养殖的自然条件优越，水产资源十分丰富，一直以来为浙江省养殖资源最丰富的三大港湾之一，是宁波市传统的农渔业发展区。

第三节　宁波市港口资源及其利用

　　宁波市深水岸线资源丰富，全市 10 m 以上深水岸线分布于龙山—澥浦—大榭—白峰沿岸。在此基础上建设的宁波–舟山港，规划港口岸线总长约 550 km，占宁波和舟山两市沿海自然岸线总长 4 802 km 的 11%。按行政归属划分，宁波市域的港口岸线总量、存量以及一类港口岸线的长度分别占全港的 34%、30% 和 33%。

　　宁波–舟山港位于我国东部沿海经济带与长江经济带交汇的长江三角洲地区，航线、航班密集，是联系我国和世界的主要港口，是"一带一路"和长江经济带的重要海上门户，是江海联运的重要枢纽。经济腹地延伸至长江沿线的六省二市，港口区位优势显著。东海大桥、杭州湾大桥、舟山金塘大桥、象山港大桥等跨海桥梁的相继建成，加强了甬、舟、沪之间的联系，干线铁路、高速公路及高等级航道纵横交织，集疏运条件便捷。

　　2019 年，宁波–舟山港完成货物吞吐量 11.19 亿 t，位列世界港口货物吞吐量第一位，其中宁波市范围内港口是宁波–舟山港的核心区域，货物吞吐量占宁波–舟山港总吞吐量的 60.27%，主要运输货物包括煤炭、石油及制品、金属矿石、集装箱和矿建材料等。宁波市港口包括镇海、北仑、穿山、大榭、梅山、象山、石浦等 8 个港区，其中北仑港区以集装箱、大宗干散货、原油、成品油及液体化工品、粮食、杂货运输为主，兼顾邮轮客运，是宁波–舟山港的主要港区；镇海港区以煤炭、成品油及液体化工杂货运输为主，近期兼顾内贸集装箱运输。梅山港区依托梅山保税港区，以集装箱干线运输为主，兼顾商品汽车滚装运输，发展报税物流功能。大榭港区以集装箱、原油成品及液体化工运输为主，兼顾临港产业发展。

一、宁波–舟山港发展规划布局

　　根据《宁波–舟山港总体规划（2014—2030 年）》，宁波–舟山港未来发展的规划定位是：我国沿海主要港口和国家综合运输体系的重要枢纽，上海国际航运中心的重要组成部分，服务长江经济带建设江海联运服务中心的核心载体，浙江海洋经济发展示范区和舟山群岛新区建设的重要依托，宁波市、舟山市经济社会发展的重要支撑。

　　宁波–舟山港的发展规划布局总体上呈"一港、四核、十九区"的空间格局：

　　一港：即宁波–舟山港。

　　四核：六横、梅山及穿山核心发展区，北仑、金塘、大榭、岑港核心发展区，白泉、岱山大长涂核心发展区，洋山及衢山核心发展区，在空间上引导港口集中发展。

　　十九区：北仑、洋山、六横、衢山、穿山、金塘、大榭、岑港、梅山、嵊泗、岱山、镇海、白泉、马岙、定海、石浦、象山港、甬江、沈家门共 19 个港区。

　　其中，港口综合运输功能集中布局在北仑穿山半岛的北部、梅山岛南部、金塘岛南部、小洋山南部、六横岛东部、舟山本岛西部和东北部、大长涂南部、衢山岛南部及鼠浪湖等区域。

海洋产业配套功能集中布局在镇海、北仑、大榭、六横南部和北部、象山湾口东、舟山本岛北部、金塘北部、岱山南部等区域。

城市生产生活配套功能集中布局在甬江、定海、沈家门、象山港和石浦等区域。

港航物流服务配套功能集中布局在北仑、梅山、舟山本岛和洋山。

宁波-舟山港以大宗能源、原材料中转运输和集装箱干线运输为重点，调整结构、拓展功能，发展成为布局合理、能力充分、功能完善、安全绿色、港城协调的现代化综合性港口。其中，宁波市域港口应注重结构调整与转型升级，积极发展现代物流和航运服务功能，进一步促进港口与产业互动发展。同时，要加快推进资源整合和深度融合，积极打造江海联运服务中心，提升港口国际物流、海洋产业集聚、保税仓储、加工及贸易等功能，完善综合运输体系，加强集疏运体系规划，发挥沿海港口作为综合运输枢纽的作用，实现由大港向强港转变。

二、宁波-舟山港及临港产业发展存在的主要问题

总体上，宁波-舟山港发展环境面临新的形势，港口功能有待提升；资源环境要素制约明显，港口布局亟待优化；岸线利用缺少统筹和规范，港口资源亟须整合。其存在的主要问题包括以下几方面。

（1）宁波-舟山港虽然在货物吞吐量规模上已达到世界首位，但港区较多，规模庞大，各个港区之间分工协作还不是很明显，存在货源竞争、低效益运营的状态。

（2）海铁联运发展缓慢，目前宁波-舟山港集装箱运输主要依靠公路，铁路运输较少，铁路与集装箱码头之间没有实现转运对接，与发达国家的海铁联运模式相比还有一定的差距。

（3）宁波-舟山港核心区港址资源基本已开发，发展潜力有限，在国家生态文明建设战略形势下，自然海岸线保有率已成为海岸生态环境保护的重要指标，以大规模开发占用自然海岸线建设港口会受到制约。

（4）象山港是我国东海重要的海洋生物聚集区、产卵场，生态脆弱，极易受到污染破坏，象山港内的港口建设、船舶运输对海洋生物保护有一定的影响。

（5）海洋环境保护需要进一步加强，如加强客货船舶污废排放管理，尤其是加强石油及液化品运输船舶的风险防控管理，防止船舶运输污染海洋环境，防控船舶运输突发泄漏事件的发生。

第四节　宁波市旅游资源及其开发利用

宁波市旅游产业发展已经形成了一定的产业规模，涉海旅游景区建设成效明显，现已建成有海洋世界、杭州湾大桥农庄、杭州湾湿地公园、杭州湾大桥海上观景平台、镇海招宝山文化旅游区、北仑洋沙山旅游区、凤凰山海港乐园、鄞州南头渔村、松兰山旅游度假区、石浦渔港古城、中国渔村、宁海横山岛景区、西店邬家庄园等一

批海洋旅游景区，其中包括多个 4A 级旅游景区；4 个旅游度假区以及一大批海洋餐饮、海洋娱乐、海上运动和渔家乐项目①。

一、宁波市旅游资源禀赋

全市滨海旅游资源十分丰富，可以分为滨海旅游小镇，海岛旅游资源，海洋休闲渔业基地，滨海旅游度假区，精品滨海旅游景区等 5 大类，各类滨海旅游资源开发项目总计接近 30 项（表 7-2）。

表 7-2　宁波市滨海旅游资源

滨海旅游资源类型	主要游览区	主要特色
滨海旅游小镇	镇海招宝山街道、宁海县强蛟、西店、大佳何、奉化莼湖、裘村、象山县石浦、新桥、爵溪、象山墙头	富有滨海生活特色体验，旅游设施完善，接待服务功能齐全，旅游产业发达，拥有旅游文化主题特色
海岛旅游资源	象山渔山岛、檀头山岛、花岙岛、韭山列岛海洋生态保护区	海上交通系统发达，供游人进入的道路和码头设施健全，渔家乐、文艺采风、旅居避暑、潜海科考等海洋生活体验产品丰富
海洋休闲渔业基地	石浦渔港、桐照渔村	船钓、滩钓、矶钓、休闲养殖采捕、渔业知识巡览、水族馆展示、渔村生活体验等丰富多彩的旅游活动
滨海旅游度假区	松兰山、半边山、阳光海湾、宁海湾	拥有主题多样、形态多元、功能差异、产品梯级的滨海度假产品体系，高端度假产品与大众休闲度假产品相结合
精品滨海旅游景区	杭州湾大桥、镇海古城、石浦渔港、余姚慈溪滨海农业观光园、镇海宁波帮文化旅游区、奉化滨海休闲旅游区、宁海三门湾	源于海丝文化和海防文化的历史资源，以海洋观光体验产品为基础，具有丰富特色的高等级滨海旅游景区

1. 海洋旅游资源丰富

宁波市是中国沿海城市中难得一见的港湾型城市，大陆岸线西起余姚市黄家埠镇，西南至宁海县一市镇，岸线总长 758.6 km。海域由"五洋三港湾"构成，"五洋"即横水洋、峙头洋、磨盘洋、大目洋、猫头洋，"三港湾"即杭州湾、象山港和三门湾。滨海旅游资源十分丰富，各类滨海旅游开发项目总计超过 30 个。

2. 港湾城市特色明显

宁波拥有丰富的海洋自然景观和独特的历史人文景观和长江三角洲区域近岸海域少见的

---

① 宁波海洋旅游规划。

海滨沙滩，沙细、坡缓、浪静，是天然的海水浴场；宁波岛屿众多，岛屿周围环境优良、海洋渔业资源丰富；受海洋水体的调节，气候冬暖夏凉，利于疗养治病和避暑避寒。在宁波的海域范围是发展游泳、垂钓、冲浪、风帆、游艇、滑水、潜水等休闲活动和海洋科考、度假等旅游项目的良好区域。

二、宁波市旅游产业发展布局

1. 长三角海洋旅游创新发展的引领区

宁波市充分发挥区位、港口和产业基础优势，以体制机制创新为动力，以高等级海洋旅游产品开发为重点，以海洋科技进步为支撑，加强自主创新，扩大对外开放合作，实现海洋旅游率先发展、创新发展，把宁波市建设成为长三角地区海洋旅游产品创新发展的引领区，使海洋旅游成为宁波市旅游业发展的新支柱、新空间。

2. 全国海洋旅游生态文明的先行区

坚持科学规划、合理开发、可持续利用的原则，加强海洋旅游资源保护和海洋生态环境修复，实施生态绿色旅游标准，建立环境友好型旅游开发管理模式，推行低碳环保的游览方式，在旅游发展中推进海洋环境保护和海洋环境生态文明建设方面走在全国前列。

3. 亚太地区新兴的海洋旅游目的地城市

依托宁波东方大港、海丝之路重要起碇港的国际影响力，充分利用中国经济迅猛发展、中国悠久历史文化的战略优势，打造一批具有国际影响力的海洋旅游品牌，扩大与重点国际客源市场的双向合作，开拓入境旅游海上航线，推进国际化海洋旅游交流平台建设，初步形成宁波市海洋旅游在亚太地区的影响力和辐射力。

宁波市滨海旅游旨在打造"一核两翼八大片区"的海洋旅游空间格局（图7-4）。

"一核"为宁波城区，是宁波海洋旅游发展核心，主要包括海曙、江东、江北、鄞州、镇海、北仑六区的行政区域，重点是沿三江区域。充分利用宁波作为国内著名的通商口岸之一的历史地位，加强对宁波历史文化名城的保护性开发利用。依托宁波城区悠久的历史文化和现代化的城市建设发展，以提高国际旅游市场份额为目标，深入挖掘海丝文化、海防文化和传统海港民俗文化资源，进一步展现三江文化长廊的文化底蕴，提升甬江沿岸老外滩区块的文化品位，扩展海洋世界的文化体验项目内容。加快推进镇海海防文化旅游产品建设，完善文化旅游休闲体验功能，充分展示宁波作为海丝之路重要起碇港的文化魅力；结合招宝山街道的旧城改造提升和新城建设，进一步提升招宝山文化旅游区和"宁波帮"文化园，丰富镇海沿江文化休闲区、后大街社区的文化内涵。加快建设北仑滨海新区，积极推进梅山保税区游轮港建设，在推动全市海洋海岛旅游发展中发挥支撑和推动作用。增强中心城区对海洋旅游的服务支撑能力；加快推进东部新城、镇海新城、镇海（招宝山）古城、北仑滨海新城、梅山保税港区等重要功能区块的旅游业发展。

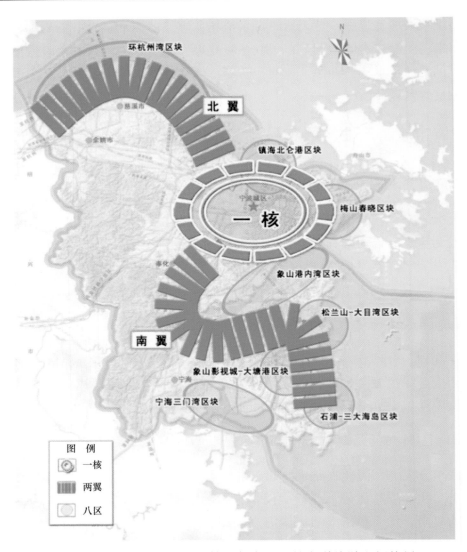

图7-4 宁波市"一核两翼八大片区"的海洋旅游空间格局

"两翼"为南北两翼，实现南北两翼差异化发展。北翼主打滨海体验产品开发；南翼以海洋休闲旅游产品开发为主。

北翼包括城区以北，慈溪、余姚所属的行政区域，重点以杭州湾沿海区域为主，推进北翼滨海体验产品开发以扩大国内旅游市场份额为目标，加强旅游与相关产业功能融合，重点发展与滨海农业园区、工业园区、海洋湿地科考、文化场馆、文化活动、海防人文历史等深度结合的体验型滨海旅游产业。

建设以良好生态环境为依托的观光体验类滨海旅游景区，将滨海淤涨滩涂资源与旅游深度开发相结合，发展农业种植养殖、风力发电、海洋科技等项目。加快推动滨海运动休闲项目建设，大力推进伏龙山健身休闲旅游产品开发。着力完善北翼旅游接待服务功能，完善杭州湾观光接待功能，利用杭州湾集散中心建设宁波滨海旅游的陆路集散门户，打造人与自然和谐相处、生态文明的综合型滨海旅游接待服务区。

南翼则是宁波城区以南的奉化区、宁海县和象山县的行政区域，重点是沿海区域，加快推进象山港区域旅游开发，以建设阳光海湾、宁海湾等大型滨海旅游度假区为龙头，推进滨海旅游地城镇建设，发展滨海旅游主题小镇和滨海乡村旅游，建设生态型旅游景区和旅游度假区，打造和谐港湾。

　　加快象山金色港湾休闲中心建设，把握象山港大桥建成通车的黄金机遇，加快松兰山旅游度假区、石浦渔港旅游休闲区、大塘港影视文化旅游区、环象山港休闲运动居住区的开发建设，大力推进东海铭城、半边山旅游度假区、大目湾新城等重要区块的开发建设，全面开发黄金海岸，促进石浦对台贸易试验区发展。

　　打造海岛旅游新亮点。加快推进海陆和岛际旅游的立体化交通网络建设，在保护好海岛及其周围生态环境的前提下，大力推动旅游岛屿组团式的集聚化发展。以梅山岛、檀头山岛、花岙岛等具有一定规模和知名度的岛屿为核心，建设旅游功能完善的旅游海岛群基地，整合带动周边相邻岛屿的旅游开发建设，有序推进三门湾旅游开发。着力发展绿色生态中心、湿地科考和旅游度假产品。

　　"八区"则是重点发展海洋旅游产业的功能聚集区，包括松兰山-大目湾区块、石浦-三大海岛区块、象山影视城-大塘港区块、环杭州湾区块、镇海北仑港区块、梅山春晓区块、象山港内湾区块、宁海三门湾区块。

三、宁波市旅游产业发展存在的主要问题

　　目前宁波市滨海旅游资源开发存在海味特色不彰、亲海空间不多、岛海联动不足、海渔结合不深、外海利用不够等问题。与国内外其他滨海旅游城市相比，宁波市主城区距海域较远，滨海旅游的环境氛围明显不足。宁波处于台风较多地区，海水水质条件有限，岸线多为泥质滩涂，缺少大规模的连绵沙滩。用于工业化发展的港口众多，旅游用海环境较为复杂。滨海旅游基础设施不够先进，海空港等交通条件与旅游发达地区相比还有一定差距。缺少高规格滨海旅游开发创新平台，滨海旅游经济总量仍偏小，滨海旅游业发展方式较粗放，旅游市场增长的稳定性不强，投资开发市场秩序不够规范。宁波滨海生态环境与近海资源破坏严重。沙滩泥化、海水污染、赤潮等现象屡见不鲜，海岸带植被遭到大面积破坏，滨海度假区城市化特点明显。如果这种现象长期存在，就会使宁波市滨海旅游发展面临严峻考验。[①]

第五节　宁波市海洋生物资源及其开发利用

　　宁波市的杭州湾、象山港、三门湾等地拥有对我国乃至全球生物多样性保护具有重要意义的区域，是滨海水鸟的主要栖息地和众多候鸟的迁徙驿站和越冬场所；同时也是海洋生物重要的产卵、索饵、哺育、栖息地和洄游通道，分布着众多经济鱼种和国家珍稀濒危、易危物种（图7-5、图7-6），孕育了丰富的滨海生物多样性，具有极高的生物多样性保护

　　① 朱冬芳，陆林，虞虎．基于旅游经济网络视角的长江三角洲都市圈旅游地角色．经济地理，2012，32（4）：149-154。

价值。其中，杭州湾南岸拥有浙江省最大的滩涂湿地，是浙江省水鸟分布最集中的区域，同时也是东亚-澳大利亚水鸟迁飞路线（EAAF）上一个重要的停歇地和越冬地[1]。其近岸海域是中国鲎、花鳗鲡、姥鲨等保护物种集中分布区[2]。象山港和三门湾是物种多样性丰富区，具有重要和典型的海湾、海岛生态系统（表 7-3）。

图 7-5 宁波市国家濒危、易危物种分布

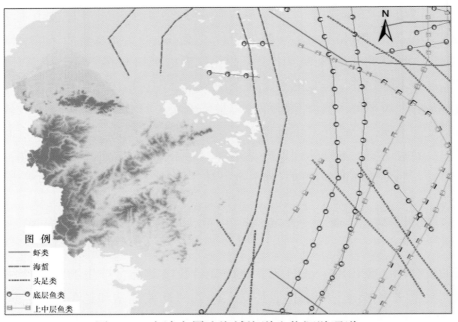

图 7-6 宁波市周边海域海洋生物洄游通道

① 杭州湾南岸滨海湿地越冬水鸟群落动态研究。
② 生物多样性保护规划。

表 7-3　宁波市优先保护物种名录及分布区域

分布区域	优先保护物种名录
杭州湾近岸海域	灰六鳃鲨、无刺蝠鲼、达氏巨尾魟、中国鲎、姥鲨、日本扁鲨、赤魟、花鳗鲡、黄唇鱼、黑鳃梅童鱼、褐毛、黑鳃舌鳎、红鳍东方鲀
象山港及三门湾	花鳗鲡、斑吻虾虎鱼

　　杭州湾河口区域低盐水团中营养盐和浮游动植物饵料十分丰富，历来为多种鱼类产卵繁殖，稚幼鱼生长及索饵的场所，是鱼类等生物完成生命周期的关键区域，包括洄游性类型、海水鱼类及咸淡水类型（河口性鱼类）三种类型鱼类。春季是主要经济鱼虾类的产卵季节，每年春季 2—5 月间（高峰期在 3 月中旬至 4 月中旬）大批线状鳗苗成群由海进入杭州湾一带水域，向江河上溯。8—9 月开始结群降海洄游，由淡水到海水。夏季在杭州湾可捕获到鮸鱼产卵群体。冬季因气候原因水温较低，造成一些洄游性鱼虾类向较深海区洄游越冬。海蜇浮游路线主要受杭州湾环流的影响，每年 5 月前后，稚蜇在杭州湾环流的影响下漂浮游动至湾口外的嵊泗渔场。

　　象山港区域渔业资源丰富，品种繁多。春季，各种鱼虾到浅海区产卵和索饵。区内大黄鱼、小黄鱼等暖水性集群洄游鱼类，在春季集群向高盐水系和低温水系交汇的混合水区，冬季自北向南越冬洄游，春、夏季又自南往北产卵洄游。

　　三门湾水域广阔，溪流淡水带来丰富的营养盐，生物饵料特别丰富，潮滩生物量高，因此，水产资源十分丰富。湾内拥有浅海港汊、滩涂及内陆水域，水产养殖业较为发达。石浦镇以渔业及其加工业为主，是全国重要的渔港之一，历来是沿海各地渔船避风、补给及渔获投售、中转、加工的后方基地。

　　宁波沿海曾是我国渔业资源最丰饶的海域之一，但随着海洋污染的加剧和捕捞强度的增大，从 2016 年海洋捕捞作业中发现，中高档、大规格的海水产品数量明显减退，渔获小型化、低龄化，杂鱼增加趋势明显，虾蟹类和上层类等经济种类比重大，捕捞上来的海水产品中很多均为当年生的幼鱼。目前，海洋资源仍在衰退，有些海域已经出现无鱼可捕的现象。

　　大黄鱼与东海带鱼皆为宁波近海海域的著名特产鱼类，大黄鱼肉质较好且味美，"松鼠黄鱼"为筵席佳肴。大部分鲜销，其他盐渍成"瓜鲞"，去内脏盐渍后洗净晒干制成"黄鱼鲞"或制成罐头。鱼鳔可干制成名贵食品"鱼肚"，又可制"黄鱼胶"。大黄鱼肝脏含维生素 A，为制鱼肝油的好原料。耳石可作药用。东海带鱼显著特征是眼睛为黑色，有鳞片且容易脱落，骨小体肥，背脊上无凸骨，肉吃起来更嫩。东海带鱼营养丰富，蛋白质丰富，营养价值高，并含有其他渔场带鱼没有的 DHA 成分。东海带鱼柔韧度高，托住带鱼中间，能挂到底，形成倒 U 字形。新鲜的东海带鱼可清蒸，鲜而不腥，且无其他地方带鱼的大骨粒异物状，在海内外备受欢迎，被称为"世界上最好吃的带鱼"。

一、宁波市渔业资源开发利用空间格局

宁波市海洋渔业主要作业区见图 7-7，其中舟山渔场宁波–舟山海域及鱼山渔场西北部海域在宁波市管辖海域内。宁波市海洋渔业资源种类约有 200 种，其中鱼类 130 余种、甲壳类 50 余种、软体类 10 余种。生态类型可分为 4 种：洄游性种类主要有鲈鱼、旗鱼、鳗鱼、鳓鱼、银鲳、三疣梭子蟹等；岛礁性种类有石斑鱼、舌鳎、鲨等；近岸性种类有中国毛虾、龙头鱼、棘头梅童鱼、黄鲫、中华管鞭虾等；河口性种类有鲻梭鱼、脊尾白虾等。海域独特的生态环境，造就了渔业资源种类多、数量大的特点。浅海现存的水产资源总量至少在 $4.5×10^4$ t 以上，按《浙江省综合渔业区划》分析，浙江省沿岸渔场平均鱼产量 12.7 t/km^2，宁波市沿岸渔场面积约为 $1.5×10^4$ km^2，鱼产量估算约为 $20×10^4$ t。宁波市的象山港和三门湾是浙江水产养殖资源最丰富的三大港湾中的两个，都属于半封闭型港湾，并且港中有湾，湾中有港，岸线曲折，风浪较小，气候温暖，受外海多种流系的交汇影响，产生温盐多变的水体，内陆径流带来丰富的营养盐，众多的岛礁屏蔽，细软的底质条件，为海洋生物洄游、索饵、栖息、繁殖创造了良好的生态环境。

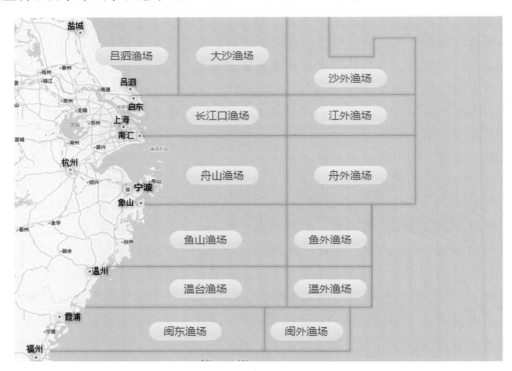

图 7-7　宁波市渔业主要作业区

1. 舟山渔场

根据 2013 年 5 月（春季）、10 月（秋季）在宁波–舟山港海域进行的渔业资源定点拖网调查所获得的数据，用渔获率作为鱼类资源数量分布的指标，对宁波–舟山港海域鱼类种

类组成、数量时空分布、优势种等群落结构特征进行了分析。两次调查共获得鱼类 36 种，隶属于 10 目 26 科 35 属，其中，以鲈形目种类为最多，有 10 科 17 属 17 种，占鱼类总种数的 47.3%。通过分析鱼类数量的时空分布发现：时间上是秋季的平均每小时渔获量多于春季；空间上是在桃花岛、金塘岛及穿山半岛海域的每小时鱼类渔获量较多。不同季节的优势种变化明显，春季优势种有龙头鱼、小黄鱼、六丝钝尾虾虎鱼 3 种，而秋季优势种仅有龙头鱼 1 种，表明分布在该调查海域的鱼类以洄游性种类为主。

在春、秋两季鱼类调查中，绝大多数都是小型的非经济种类，并且多数为非优势种类。春季优势种有 3 种，而秋季优势种只有 1 种。这些优势种类大多都是小型鱼类，过去一些大型的经济种类如大黄鱼等，由于过度捕捞等原因相继枯竭，而一些小型经济种类的生物量有所增加，经济价值也在不断上升，在 2 次调查所获得的 3 个优势种中，除了六丝钝尾虾虎鱼经济价值不高之外，小黄鱼、龙头鱼都是市场中常见的食用经济鱼类。根据俞存根等于 2006—2007 年对舟山渔场鱼类资源的调查研究结果，发现龙头鱼是舟山渔场重要的优势种之一。另外，根据林龙山对东海区龙头鱼数量分布的研究认为，东海区龙头鱼潜在资源量在 5 000 t 以上，属于有潜在价值的鱼类。在本次调查中，龙头鱼在春、秋季均为优势种，且在秋季为唯一的优势种。通过扫海面积法估算，秋季龙头鱼资源密度为 23 100.2 g/km²，与以往的调查结果相比，其资源量较为丰富。春季优势种类中还出现了小型经济鱼类小黄鱼，说明在舟山渔场宁波-舟山港的鱼类群落中尚存在一些具有一定经济开发利用价值的小型鱼类资源。春季的小黄鱼资源密度达到 1 828.8 g/km²；秋季则未捕获到小黄鱼。秋季宁波-舟山港海域底层水温与春季相似，整个调查海域的温差在 1℃ 以内。造成渔获率出现上述分布可能是由于盐度引起的。秋季表层盐度更低，变化更显著；春季变化相对缓和。因此，秋季该海域物种多样性、均匀性及丰富度都明显低于春季。在对杭州湾海域春、秋季鱼类种类组成和数量分布进行研究的过程中发现，其优势种有睛尾蝌蚪虾虎鱼、龙头鱼、刀鲚、棘头梅童鱼，与本次调查海域优势种相比较，仅有龙头鱼 1 种为共有种。林龙山在对东海区龙头鱼数量分布及其环境特征的研究中指出，龙头鱼对水温和水深的适应范围较为宽泛。从这点也可以看出，龙头鱼对环境具有较强的适应能力。

2. 鱼山渔场

鱼山渔场位于浙江中部沿海，舟山渔场之南，其范围为 28°00′—29°30′N、125°00′E 以西海域，面积约为 15 600 km²。鱼山渔场水温年平均表层为 17.5~22.3℃，盐度年平均表层为 28.4~34.0，水深 5~99 m，有健跳江、椒江、瓯江等中小型江河入海，渔场受浙江沿岸水和台湾暖流控制。

鱼山渔场所在海域的沿海和近海是带鱼、大黄鱼、乌贼、鲳鱼、鳓鱼、鲐、鲹的产卵场和众多经济幼鱼的索饵场，外海是许多经济鱼种的越冬场的一部分，又是绿鳍马面鲀向产卵场洄游的过路渔场和剑尖枪乌贼的产卵场。

鱼山渔场渔业资源丰富，种类繁多。渔期一般可贯穿全年，其主要捕捞对象，鱼类为：带鱼、大黄鱼、绿鳍马面鲀、白姑鱼、鲳鱼、鳓鱼、金线鱼、方头鱼和鲐鲹鱼等；头足类为：乌贼、剑尖枪乌贼等；虾类为：假长缝拟对虾、菲赤虾、凹管鞭虾、中华管鞭虾、哈氏仿对虾、葛氏长臂虾、日本对虾、鹰爪虾等；蟹类为：细点圆趾蟹、三疣梭子蟹、日本蟳、红星梭子蟹等。

鱼山渔场的底质以粉砂、砂、淤泥为主。主要的作业方式有：拖网、流刺网、灯光围网、榴杆虾拖网作业，以及近年来逐渐兴起的灯光敷网和河鲀鱼钓作业。

3. 西北太平洋渔场

近年来，随着科学技术的发展，宁波渔业迅猛发展，作业区域逐渐由东海渔场扩展至西北太平洋渔场。西北太平洋渔场包括鄂霍次克海、日本海、东黄海以及堪察加、千岛群岛、日本东海岸等水域、盛产太平洋鲱、沙丁鱼、大麻哈鱼、秋刀鱼、狭鳕、鲐、带鱼、蟹类、贝类等[①]。

西北太平洋的海洋渔业产量在粮农组织统计区域中一直是最高产区域，2015 年 4—6 月及 2016 年 5—7 月，通过对海域（35°—43°N、147°—160°E）范围进行大面定点的灯光围网调查以及走航式声学调查[②]，并结合灯光围网采样和生物学测定数据，对春季和夏季调查区域游泳动物总生物量及主要评估种类生物量作了初步评估与分析，结果表明：春季调查中主要评估生物种类中，日本鲭（Scomber japonicus）占总生物量的 58.1%；日本乌鲂（Brama japonica）占总生物量的 10.3%；太平洋褶柔鱼（Todarodes pacificus）占总生物量的 9.5%；远东拟沙丁鱼（Sardinops sagax）占总生物量的 5.3%；大麻哈鱼（Oncorhynchus keta）占总生物量的 5.0%；灯笼鱼科鱼类（Myctophidae）占总生物量的 7.9%；日本爪乌贼占总生物量的 3.8%[③]。

夏季调查中主要评估生物种类中，日本鲭占总生物量的 22.5%；太平洋褶柔鱼占总生物量的 66.1%；日本乌鲂占总生物量的 1.13%；日本爪乌贼占总生物量的 1.16%；远东拟沙丁鱼占总生物量的 0.95%；大麻哈鱼占总生物量的 2.71%；灯笼鱼科鱼类占总生物量的 0.77%；圆鲹属鱼类（Decapterus）（长体圆鲹和红鳍圆鲹）占总生物量的 1.21%。

二、宁波市海洋渔业发展现状及存在问题

2016 年，宁波市水产品总产量达到 $105×10^4$ t，基本上与上年持平，实现渔业产值 176.748 亿元。淡水渔业产量仅为 $8×10^4$ t，仅占总产量的 7%。目前海洋渔业依然占宁波市渔业的绝大部分。海水养殖产量 $28.7×10^4$ t，比上年增加 $0.7×10^4$ t；海水捕捞产量 $64×10^4$ t；比上年增加 $2.1×10^4$ t；远洋渔业产量 $4.3×10^4$ t，比上年减少 $0.9×10^4$ t。全市海洋渔业保持低速稳定发展。休闲渔业产值为 2.07 亿元，仅占总产值的 1%（图 7-8）。

宁波市海水养殖主要分布在宁海县和象山县，各占总产量的 50%和 40%，占总海水养殖面积的 45%和 32%。海洋捕捞主要集中在象山县和奉化区，分别占宁波市总产量的 73%

① 苗振清．浙江南部外海渔业资源可持续利用研究．中国海洋大学，2009。
② 丁琪，陈新军，李纲，等．基于渔获统计的西北太平洋渔业资源可持续利用评价．资源科学，2013，35（10）：2 032-2 040。
③ 张立．西北太平洋渔业资源声学评估．国家海洋局第三海洋研究所，2017。

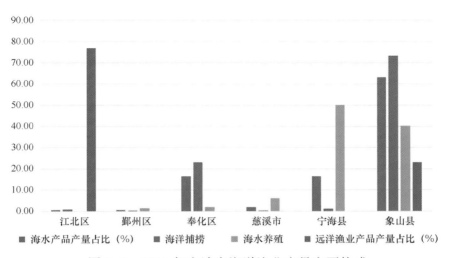

图 7-8　2016 年宁波市海洋渔业产量主要构成

和 23.6%。远洋捕捞江北区占 76%，象山县占 23%。20 世纪 90 年代以来，单位捕捞强度产量急剧下降（图 7-9），且低值鱼类的比重逐年上升，已到了资源利用的极限。虽然海洋渔业部门近年来通过政策补贴等方式，促进渔民转产转业减能，但依然处于产能过剩状态。

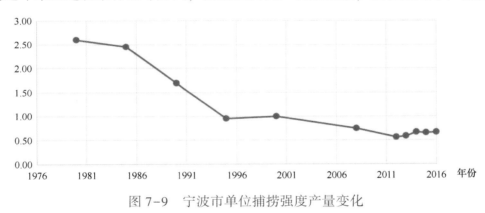

图 7-9　宁波市单位捕捞强度产量变化

海洋捕捞、海水养殖和远洋捕捞三部分比重由 2009 年的 65∶32∶3 转变为 2013 年的 67∶31∶2，2016 年为 66∶30∶4，变化较小。目前宁波市海洋渔业产业结构仍以捕捞为主，海水养殖为辅，远洋捕捞仅占较小比重。远洋渔业产量主要来自象山县及江北区，目前江北区的远洋渔业产量已经成为宁波市远洋渔业产量的主要来源，2016 年占总产量的 76%。

第六节　宁波市海洋生态环境现状

随着社会经济的发展及陆地资源的不断被耗竭，海岸带及海洋资源的开发利用已成为沿海国家和地区的战略选择。海岸带作为开发的前沿与热点区域，地表过程和生态环境演化面临着人类经济社会活动的空前压力。2017 年宁波市近岸海域海水环境污染严重，水质较差。除渔山列岛附近为一类、二类水质外，其余所有海域海水均为三类、四类和劣四类水质，不能满足近岸海域水环境功能要求，主要污染指标为无机氮和活性磷酸盐（图 7-10 和图 7-11）。

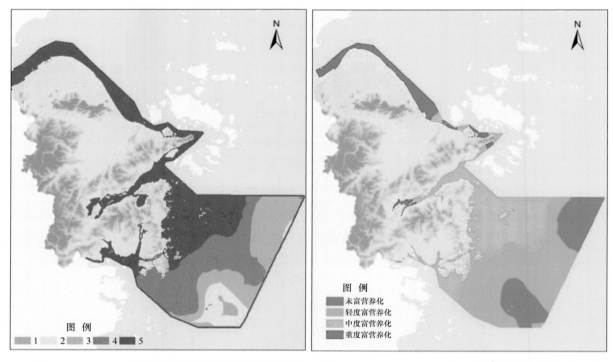

图 7-10 2017 年宁波市近岸海域水质情况①　图 7-11 2017 年宁波市近岸海域富营养化程度

　　宁波市 2001—2017 年间海水水质变化整体呈现"W-M"形波动趋势，大致分为两个阶段。2001—2009 年间，四类和劣四类海水水质面积比例由 2001 年的 64.2% 下降至 2009 年的 28.8%，总体呈现下降趋势，海水水质状况趋好。2010—2017 年间，四类和劣四类海水水质面积比例由 2009 年的 28.8% 上升至 2017 年的 71.5%，总体呈现上升趋势，除 2013 年、2016 年外，其余年份四类和劣四类海水水质面积比均在 70% 以上，海水水质状况总体较差，且有进一步加重趋势（图 7-12、图 7-13）。污染的主要因子无机氮和活性磷酸盐含量变化不明显但仍处于较高水平，化学需氧量含量呈上升趋势，近年来升幅达到 15%（图 7-14）。污染严重的海域主要集中在杭州湾南岸、镇海-北仑沿海、象山港一带。其中，杭州湾南岸水质近 20 余年，始终为劣四类；宁波-舟山港区域除个别年份（2003 年）外，劣四类水质面积比始终在 74%~100% 间波动；象山港除个别年份（2001 年、2009 年）外，劣四类水质面积比始终在 79%~100% 间波动；三门湾及外海区域水质状况变化较为剧烈，但整体污染呈现加重趋势（图 7-15）。

---

　　① 图中 1、2、3、4、5 分别代表一类水质、二类水质、三类水质、四类水质、劣四类水质，以下同。

图 7-12　2001—2017 年宁波市四类、劣四类海水水质面积比例变化情况

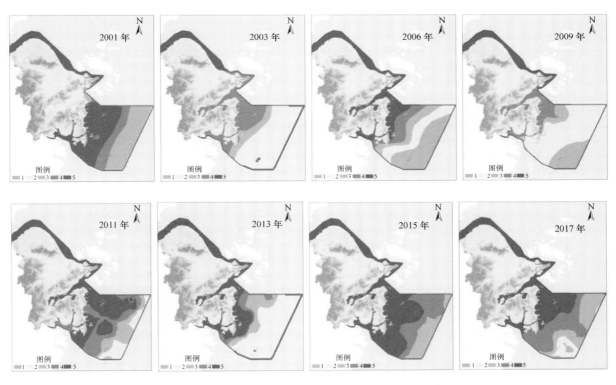

图 7-13　2001—2017 年宁波市海水水质分布

　　导致近岸海域水质污染的主要原因是海水富营养化。2017 年，宁波市近岸海域富营养化程度总体较高，按照海域水质营养等级划分，杭州湾南岸和镇海-北仑-大榭区域、象山港湾顶为重度富营养化，象山港、三门湾、石浦镇、韭山列岛海域为中度富营养化，渔山列岛附近海域未富营养化，其余海区为轻度富营养化（图 7-11）。

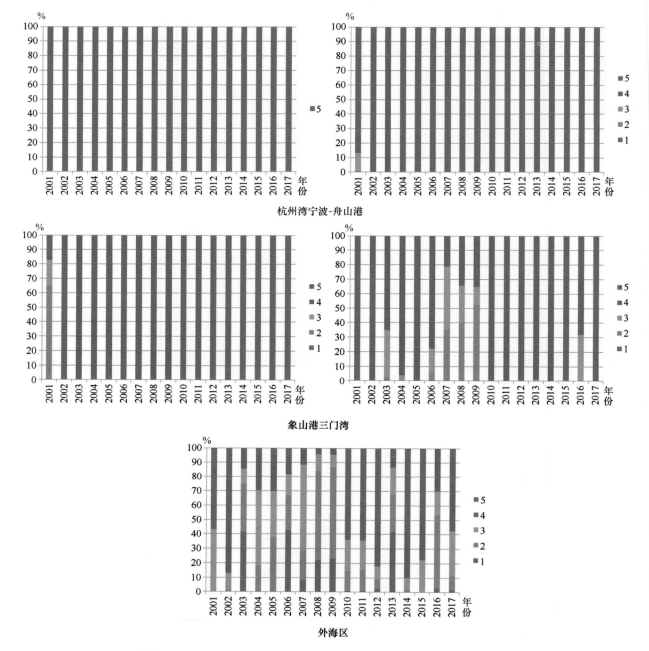

图 7-14 2001—2017 年宁波市海洋生态分区内水质变化情况

1997—2017 年间，宁波市海水富营养化面积整体呈现波动式上升趋势，其中重度富营养化面积比例变化较小，轻-中度富营养化面积有所增加（图 7-16）。1997 年宁波市富营养化海域的面积仅占宁波市总海域面积的 4.3%，主要集中在慈溪市庵东镇、逍林镇一带。2000 年之后，富营养化面积迅速增加，所占比例在 59%~98% 之间波动，其中杭州湾、宁波-舟山港近岸海域以重度富营养化为主，集中分布在杭州湾南岸、镇海-北仑-大榭一带；象山港以中-重度富营养化为主，与 1997 年相比富营养化程度加重 1~2 个等级；三门湾中-

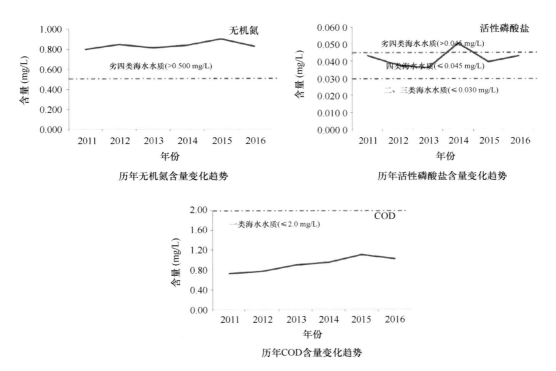

图 7-15　2011—2016 年年污染因子含量变化趋势

重度富营养化面积比在 5%~96% 之间波动，变化较为剧烈。外海区富营养化面积整体有所增加，但中-重度面积比例逐步降低（图 7-17、图 7-18）。

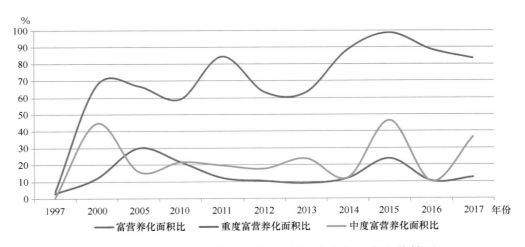

图 7-16　1997—2017 年宁波市海水富营养化程度变化情况

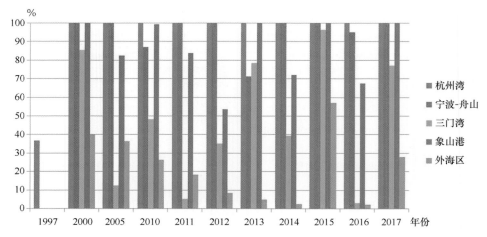

图 7-17　1997—2017 年宁波市海洋生态分区内中、重度富营养化状况

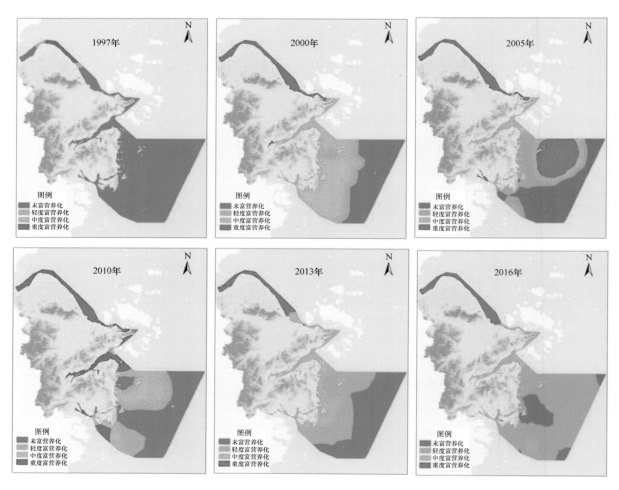

图 7-18　2001—2017 年宁波市海水富营养化状况分布

污染物入海的途径主要包括排污口排海、河流入海、海岸地表径流、沉降等。其中，陆源排污是我国近岸海域污染的主要来源。陆源污染又是由一系列人类社会经济活动所产生的。其中，农业和工业的发展是影响海洋环境变化的首要因素，其次是人类日常生活所产生的生活废水。

　　采用 Arc Hydro Tools 基于已知河网提取流域的流程，对宁波市陆域汇水区进行了划分，据此可以确定陆源水污染主要影响的海域位置。宁波市域共划分为三个汇水区，即钱塘江流域汇水区、甬江流域汇水区和浙东近岸汇水区（图 7-19）。不同区域因发展定位、产业功能及各区域内的社会经济发展水平不同，其海水污染的主要来源及影响因素并不完全一致。

图 7-19　宁波市陆域汇水区划分结果

　　杭州湾区域：杭州湾区域在陆域汇水区划分中属于钱塘江流域，两岸五城分属浙江、上海两个省级行政区，区域内包括钱塘江、曹娥江等入海河流，同时受长江的影响显著。该区域海域污染来源较为复杂，既有长江、钱塘江输入的陆域跨界污染，又有自身通过入海河流和排污口携带的陆域外源污染。

　　近年来，随着工业化、城市化步伐的加快，杭州湾两岸城市产生了大量的工业污水、生活污水和农牧业污水，尤其是化工企业大量集聚。当前杭州湾地区分布了沪、浙的 6 家化工产业园区，化工企业有 200 多家，每年的化工产品产量超过 1 500×10⁴ t。

大量的陆源污染物通过三个路径进入杭州湾：一是钱塘江上中游的污染物通过富春江电站下泄（"径流污染"）；二是钱塘江河口段支流及河道流入的污染物（"河道污染"）；三是建在河口沿岸的污水处理厂，其尾水直接排入江海之中（"点源污染"）。

根据杭州湾接纳陆源污染物的状况分析，杭州湾主要污染物氨氮的负荷为：径流、河道和点源污染分别占 11.1%、44.2%、44.7%；CODcr 的负荷为：上中游径流污染占 28.2%、河口段支流河道污染占 44.4%、点源污染占 27.4%（表 7-4）。

表 7-4　杭州湾 2007 年接纳陆源污染物的三个路径统计

污染路径	氨氮		总磷		CODcr	
	数量（×10⁴ t）	占比（%）	数量（×10⁴ t）	占比（%）	数量（×10⁴ t）	占比（%）
径流污染	0.42	11.1	0.23	35.9	9.2	28.2
河道污染	1.68	44.2	0.32	50	14.47	44.4
点源污染	1.70	44.7	0.09	14.1	8.9	27.4
合计	3.80	100	0.64	100	32.6	100

资料来源：浙江省水利河口研究院《钱塘江河口水环境容量及纳污总量控制研究》，2010。

象山港区域：象山港区域在陆域汇水区划分中属于浙东近岸流域，该区域多为独流入海河流，其污染来源主要为通过河流、入海排污口等排放的陆域外源污染及海水养殖排污产生的海域内源污染。除此之外，据相关研究表明，受沿岸流作用和长江冲淡水影响，长江和钱塘江径流携带而来的磷酸盐、硝酸盐是象山港外湾①磷酸盐和硝酸盐的一个重要来源②。港内主要的氮（磷）源是氮（磷）肥、牲畜、工业废水和生活污水及海水养殖。

据 Nobre 等估算，象山港每年约有 4 015 t DIN 和 730 t DIP 来自陆源。象山港陆源径流输入较多，大嵩江、凫溪、颜公河、筂湖黄子溪等径流每年携带大量的氮、磷入海，仅颜公河每年就累积携带颗粒吸附态氮（PIN）为 374.4 t，DIN 为 411.3 t，颗粒吸附态磷（PIP）为 92.2 t，DIP 为 1.3 t 入港。而这些径流携带的氮、磷主要来源于流域附近分布的工业企业污染、生活污染、畜禽污染等。除此之外，渔业网箱养殖所排放的氮、磷污染物亦是海洋污染的主要来源（表 7-5）。

表 7-5　象山港海域主要污染物来源（%）

	COD	TN	TP
水产养殖	73.6	51.4	44.0
污水处理厂	1.2	0.7	0.9
入海溪流	25.2	47.9	55.1
合计	100	100	100

---

①　外湾大致范围为以贤庠镇-瞻岐镇一线以东区域。
②　象山港海域水质与沉积物主要污染因子及污染源分析。

三门湾区域：三门湾区域在陆域汇水区划分中属于浙东近岸流域，该区域多为独流入海河流，工业企业较少，海水养殖业发达。海洋水质状况主要受入海河流和海水养殖排污等的影响较大，污染来源主要为陆域外源污染和海域内源污染。此外，长江和钱塘江所携带的少部分污染物亦能通过浙闽沿岸流和长江冲淡水被带至牛鼻山水道一带，但考虑到此处潮流运动和水体交换能力较强，跨界污染对三门湾一带海水水质影响不大。

　　城镇生活污水、养殖废水、农药化肥、沿海工业"三废"和围海造田等是造成三门湾海域环境污染的主要原因。海源污染主要包括港口码头、船舶和海水养殖的排污。湾内养殖海产品类型和养殖模式多样化，海水养殖排污对湾内水体富营养化等的影响显著，是海洋环境污染的主因之一。此外，区内有多个国家级重点渔港和多个码头，码头生产和船员生活所产生的大量生活污水基本直接排入海中，港口、船舶作为海洋污染的主要污染源其主要污染物包括生活污水和船舶的油类物质。近年来，因船舶修造、化工等临港重工业的发展，及城镇建设、工业园区开发等，区域生成的污染物数量加大，污染物种类增多，而同期环保设施的建设与能力提升较为滞后，环保形势严峻。

第八章 宁波市海岸带开发利用与保护现状

第一节 宁波市海岸带土地利用现状

根据宁波市海岸带土地利用现状，以乡镇（街道）为空间单元，采用第三章土地利用结构分析方法，对宁波市沿海56个乡镇（街道）的土地利用结构进行分析（表8-1）。

表8-1 宁波市沿海各乡镇（街道）土地利用结构现状

乡镇（街道）	土地利用结构	第一主体利用类及主体度	第二主体利用类及主体度	第三主体利用类及主体度
白峰镇	二元结构	林地，47.48%	农田，21.25%	—
柴桥街道	二元结构	林地，37.08%	农田，34.49%	—
春晓街道	三元结构	林地，41.01%	工业城镇用地，23.46%	农田，21.50%
大榭开发区	二元结构	工业城镇用地，49.98%	林地，29.11%	—
梅山街道	三元结构	工业城镇用地，31.97%	农田，27.37%	湿地，26.62%
戚家山街道	强单一主体结构	工业城镇用地，68.76%	—	—
霞浦街道	弱单一主体结构	工业城镇用地，50.01%	农田，21.05%	—
新碶街道	强单一主体结构	工业城镇用地，63.97%	—	—
庵东镇	弱单一主体结构	湿地，51.80%	—	—
附海镇	强单一主体结构	农田，65.26%	工业城镇用地，29.65%	—
观海卫镇	弱单一主体结构	农田，55.97%	—	—
龙山镇	二元结构	农田，33.48%	工业城镇用地，22.60%	—
逍林镇	强单一主体结构	农田，83.43%	—	—
新浦镇	强单一主体结构	农田，63.35%	工业城镇用地，29.97%	—
沿海滩涂	强单一主体结构	农田，65.99%	湿地，21.01%	—
长河镇	弱单一主体结构	农田，57.06%	工业城镇用地，39.49%	—
掌起镇	二元结构	农田，47.97%	林地，30.55%	—
周巷镇	近二元结构	农田，54.76%	工业城镇用地，41.02%	—
莼湖镇	近三元结构	林地，45.90%	湿地，19.50%	农田，18.95%
裘村镇	弱单一主体结构	林地，57.11%	农田，21.43%	—
松岙镇	弱单一主体结构	林地，57.17%	—	—
茶院乡	弱单一主体结构	林地，50.50%	农田，26.92%	—

续表

乡镇（街道）	土地利用结构	第一主体利用类及主体度	第二主体利用类及主体度	第三主体利用类及主体度
大佳何镇	强单一主体结构	林地，67.04%	—	—
胡陈乡	强单一主体结构	林地，67.27%	农田，22.12%	—
力洋镇	二元结构	林地，43.39%	农田，24.15%	—
梅林街道	强单一主体结构	林地，63.70%	—	—
强蛟镇	二元结构	湿地，28.93%	林地，27.27%	—
桥头胡街道	弱单一主体结构	林地，53.36%	—	—
西店镇	二元结构	林地，43.55%	湿地，21.28%	—
一市镇	二元结构	林地，40.71%	农田，29.19%	—
越溪乡	二元结构	湿地，30.48%	林地，25.99%	—
长街镇	弱单一主体结构	农田，52.32%	—	—
大徐镇	强单一主体结构	林地，61.97%	农田，22.16%	—
丹东街道	二元结构	林地，38.65%	工业城镇用地，28.61%	—
定塘镇	二元结构	农田，40.68%	林地，31.73%	—
东陈乡	二元结构	林地，30.40%	湿地，29.74%	—
高塘岛乡	三元结构	林地，31.74%	农田，26.21%	湿地，22.97%
鹤浦镇	弱单一主体结构	林地，51.61%	—	—
黄避岙乡	近二元结构	林地，48.58%	农田，19.40%	—
爵溪街道	弱单一主体结构	林地，58.63%	—	—
墙头镇	二元结构	林地，42.33%	湿地，32.27%	—
石浦镇	二元结构	林地，41.50%	湿地，21.22%	—
泗州头镇	弱单一主体结构	林地，58.48%	—	—
涂茨镇	二元结构	林地，36.42%	湿地，20.24%	—
西周镇	强单一主体结构	林地，67.14%	—	—
贤庠镇	二元结构	林地，40.06%	农田，28.84%	—
晓塘乡	二元结构	林地，42.55%	农田，34.15%	—
咸祥镇	二元结构	农田，38.37%	林地，33.32%	—
瞻岐镇	二元结构	林地，42.68%	农田，24.49%	—
黄家埠镇	弱单一主体结构	农田，55.55%	工业城镇用地，23.40%	—
临山镇	弱单一主体结构	农田，51.53%	工业城镇用地，24.96%	—
泗门镇	强单一主体结构	农田，60.24%	工业城镇用地，30.91%	—
小曹娥镇	二元结构	湿地，41.25%	农田，31.04%	—
蛟川街道	强单一主体结构	工业城镇用地，65.83%	—	—
澥浦镇	二元结构	工业城镇用地，39.11%	农田，28.53%	—
招宝山街道	强单一主体结构	工业城镇用地，78.17%	—	—

　　强单一主体结构的乡镇（街道）：戚家山街道、新碶街道、附海镇、逍林镇、新浦镇、沿海滩涂、大佳何镇、胡陈乡、梅林街道、大徐镇、西周镇、泗门镇、蛟川街道、招宝山街道。其中主体结构为工业城镇用地的乡镇（街道）包括戚家山街道、新碶街道、蛟川街道、招宝山街道；主体结构为林地的乡镇（街道）包括大佳何镇、胡陈乡、梅林街道、大徐镇、西周镇；主体结构为农田的乡镇（街道）包括附海镇、逍林镇、新浦镇、沿海滩涂、泗门镇。

　　弱单一主体结构的乡镇（街道）：霞浦街道、庵东镇、观海卫镇、长河镇、裘村镇、松岙镇、茶院乡、桥头胡街道、长街镇、鹤浦镇、爵溪街道、泗州头镇、黄家埠镇和临山镇。其中主体结构为工业与城镇用地的乡镇（街道）包括霞浦街道；主体结构为农田的乡镇（街道）包括观海卫镇、长河镇、长街镇、黄家埠镇和临山镇；主体结构为林地的乡镇（街道）包括裘村镇、松岙镇、茶院乡、桥头胡街道、鹤浦镇、爵溪街道、泗州头镇。庵东镇主体结构为湿地。

　　二元结构的乡镇（街道）：白峰镇、柴桥街道、大榭开发区、龙山镇、掌起镇、力洋镇、强蛟镇、西店镇、一市镇、越溪乡、丹东街道、定塘镇、东陈乡、墙头镇、石浦镇、涂茨镇、贤庠镇、晓塘乡、咸祥镇、瞻岐镇、小曹娥镇和漩浦镇。其中二元结构为工业城镇用地-农田的乡镇（街道）包括龙山镇、丹东街道和漩浦镇；二元结构为林地-农田的乡镇（街道）包括白峰镇、柴桥街道、掌起镇、力洋镇、强蛟镇、一市镇、定塘镇、贤庠镇、晓塘乡、咸祥镇、瞻岐镇。二元结构为工业城镇用地-林地的乡镇（街道）包括大榭开发区。

　　三元结构的乡镇（街道）：春晓街道、梅山街道、斑湖镇、高塘岛乡。

　　宁波市海岸带各乡镇（街道）土地利用结构空间分布见图8-1。

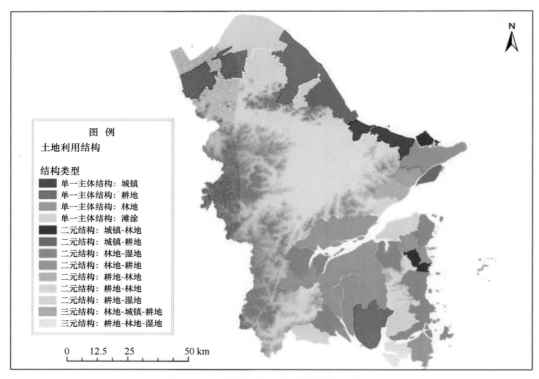

图8-1　宁波市土地利用结构分布

第二节　宁波市海岸带海域使用现状分析

　　《中华人民共和国海域使用管理法》把海域使用界定为，在中华人民共和国内水、领海持续使用特定海域 3 个月以上的排他性用海活动。根据用海活动对海域属性的改变程度，可将海域使用划分为填海造地用海、围海用海、不改变海域属性的用海和其他用海。填海造地用海是完全改变海域属性的用海活动，根据填海造地后形成土地的利用方式，填海造地用海可划分为工业城镇建设用填海造地；农业用填海造地；码头、堤坝、路桥工程填海等。围海用海是部分改变海域属性的用海活动，包括围海修建港池、围海修建养殖池塘、围海晒盐、围海蓄水等把开放式海域变成封闭或半封闭海域的用海活动。不改变海域属性的用海包括航道、锚地、滨海浴场、游乐场、增养殖等。

　　利用宁波市海岸带乡镇（街道）行政区划矢量数据，将乡镇（街道）行政区划的乡镇（街道）行政界线垂直海岸线向海洋延伸至海洋功能区划外边界，形成宁波市海岸带乡镇（街道）的海域空间区域。以海岸带乡镇（街道）海域空间区域为单位，统计每个乡镇（街道）近岸海域各海洋功能区划类型的面积。采用第四章所述的海域使用结构分析方法，分析宁波市海岸带各个乡镇（街道）的海域使用结构，如表 8-2 所示。

表 8-2　宁波市海岸带各个乡镇（街道）的海域使用结构

乡镇（街道）	海域使用结构	第一使用主体类型及主体度	第二使用主体类型及主体度	第三使用主体类型及主体度
白峰镇	二元结构	交通运输用海，48.55%	工矿用海，35.85%	—
柴桥街道	单一主体结构	交通运输用海，85.54%	—	—
春晓街道	二元结构	造地工程用海，48.75%	工矿用海，30.83%	—
大榭开发区	单一主体结构	交通运输用海，99.47%	—	—
梅山街道	二元结构	交通运输用海，41.01%	渔业用海，30.35%	—
戚家山街道	弱单一主体结构	交通运输用海，59.13%	工矿用海，40.70%	—
霞浦街道	单一主体结构	交通运输用海，99.98%	—	—
新碶街道	单一主体结构	交通运输用海，78.57%	工矿用海，20.86%	—
庵东镇	三元结构	其他用海，30.98%	造地工程用海，26.73%	工矿用海，22.01%
龙山镇	单一主体结构	渔业用海，91.62%	—	—
沿海滩涂	单一主体结构	渔业用海，69.60%	—	—
纯湖镇	二元结构	渔业用海，48.98%	工矿用海，40.12%	—
裘村镇	单一主体结构	渔业用海，97.65%	—	—
松岙镇	单一主体结构	工矿用海，65.09%	交通运输用海，22.53%	—
茶院乡	单一主体结构	渔业用海，100.00%	—	—
大佳何镇	弱单一主体结构	渔业用海，54.15%	特殊用海，44.13%	—

续表

乡镇（街道）	海域使用结构	第一使用主体类型及主体度	第二使用主体类型及主体度	第三使用主体类型及主体度
梅林街道	单一主体结构	渔业用海，70.91%	交通运输用海，29.09%	—
强蛟镇	弱单一主体结构	渔业用海，58.52%	—	—
桥头胡街道	单一主体结构	渔业用海，77.73%	特殊用海，22.27%	—
西店镇	单一主体结构	造地工程用海，78.52%	—	—
一市镇	单一主体结构	渔业用海，95.71%	—	—
越溪乡	单一主体结构	渔业用海，68.30%	交通运输用海，31.61%	—
长街镇	单一主体结构	渔业用海，95.70%	—	—
丹东街道	单一主体结构	造地工程用海，90.18%	—	—
东陈乡	单一主体结构	特殊用海，61.03%	其他用海，33.86%	—
高塘岛乡	单一主体结构	渔业用海，90.18%	—	—
鹤浦镇	弱单一主体结构	特殊用海，56.43%	渔业用海，39.01%	—
黄避岙乡	单一主体结构	工矿用海，100.00%	—	—
爵溪街道	单一主体结构	渔业用海，99.27%	—	—
墙头镇	单一主体结构	交通运输用海，100.00%	—	—
石浦镇	单一主体结构	特殊用海，71.75%	—	—
泗州头镇	单一主体结构	交通运输用海，73.29%	渔业用海，26.71%	—
涂茨镇	单一主体结构	渔业用海，82.26%	—	—
西周镇	单一主体结构	交通运输用海，77.42%	—	—
贤庠镇	单一主体结构	工矿用海，60.99%	交通运输用海，34.03%	—
咸祥镇	单一主体结构	渔业用海，90.42%	—	—
瞻岐镇	单一主体结构	渔业用海，70.66%	工矿用海，23.74%	—
小曹娥镇	单一主体结构	工矿用海，83.60%	—	—
蛟川街道	单一主体结构	其他用海，75.16%	—	—
澥浦镇	弱单一主体结构	渔业用海，51.79%	工矿用海，24.49%	—
招宝山街道	单一主体结构	交通运输用海，97.77%	—	—

在宁波市近岸海域使用结构中：柴桥街道、大榭开发区、霞浦街道、新碶街道、龙山镇、沿海滩涂、裘村镇、松岙镇、茶院乡、梅林街道、桥头胡街道、西店镇、一市镇、越溪乡、长街镇、丹东街道、东陈乡、高塘岛乡、黄避岙乡、爵溪街道、墙头镇、石浦镇、泗州头镇、涂茨镇、西周镇、贤庠镇、咸祥镇、瞻岐镇、小曹娥镇、蛟川街道、招宝山街

道31个乡镇（街道）属于单一主体结构，其中柴桥街道、大榭开发区、霞浦街道、新碶街道、墙头镇、泗州头镇、西周镇和招宝山街道8个乡镇（街道）的海域使用主体类型为交通运输用海；龙山镇、沿海滩涂、裘村镇、茶院乡、梅林街道、桥头胡街道、一市镇、越溪乡、长街镇、高塘岛乡、爵溪街道、涂茨镇、咸祥镇和瞻岐镇14个乡镇（街道）的海域使用主体类型为渔业用海；松岙镇、黄避岙乡、贤庠镇和小曹娥镇4个乡镇（街道）的海域使用主体类型为工矿用海；西店镇和丹东街道的海域使用主体类型为造地工程用海。东陈乡和石浦镇的海域使用主体类型为特殊用海；蛟川街道的海域使用主体类型为其他用海。

戚家山街道、大佳何镇、强蛟镇、鹤浦镇和瀣浦镇5个乡镇（街道）属于弱单一主体结构，其中戚家山街道的海域使用主体类型为交通运输用海；大佳何镇、强蛟镇和瀣浦镇的海域使用主体类型为渔业用海；鹤浦镇的海域使用主体类型为特殊用海。

白峰镇、春晓街道、梅山街道和莼湖镇4个乡镇（街道）属于二元结构，其中白峰镇为交通运输用海-工矿用海二元结构；春晓街道为造地工程用海-工矿用海二元结构；梅山街道为交通运输用海-渔业用海二元结构；莼湖镇为渔业用海-工矿用海二元结构。

庵东镇属于三元结构，海域使用结构为其他用海-造地工程用海-工矿用海。

宁波市海岸带海域使用结构空间分布见图8-2。

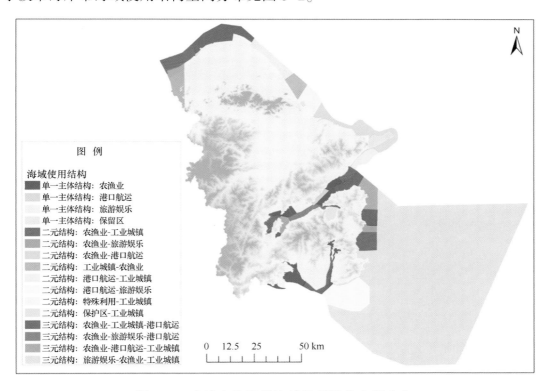

图8-2　宁波市海岸带海域使用结构空间分布

综上分析，宁波市海岸带土地利用以农田、林地、工业城镇用地为主，结构上以农田-工业城镇用地、农田-林地、工业城镇用地-林地二元为主。海域使用以农渔业为主，海域使用结构以农渔业单一主体功能为主，具体见表8-3。

表 8-3　宁波市海岸带各乡镇（街道）土地利用结构与海域使用结构分析结果

序号	沿海乡镇（街道）	土地利用结构	海域使用结构
1	白峰镇	林地-农田	港口航运区
2	柴桥街道	林地-农田	港口航运区
3	春晓街道	林地-工业城镇用地-农田	旅游休闲娱乐区
4	大榭开发区	工业城镇用地-林地	港口航运区
5	梅山街道	工业城镇用地-农田	港口航运区-工业与城镇建设用海区
6	戚家山街道	工业城镇用地	港口航运区
7	霞浦街道	工业城镇用地-农田	港口航运区
8	新碶街道	工业城镇用地	港口航运区
9	杭州湾新区	湿地-工业城镇用地	农渔业区-工业与城镇建设用海区-海洋保护区
10	附海镇	农田-工业城镇用地	—
11	观海卫镇	农田	—
12	龙山镇	农田-工业城镇用地	工业与城镇建设用海区-农渔业区
13	逍林镇	农田	—
14	新浦镇	农田-工业城镇用地	—
15	沿海滩涂	农田-湿地	保留区-工业与城镇建设用海区-农渔业区
16	长河镇	农田-工业城镇用地	—
17	掌起镇	农田-林地	—
18	周巷镇	农田-工业城镇用地	—
19	松岙镇	林地	农渔业区-港口航运区
20	茶院乡	林地-农田	农渔业区
21	大佳何镇	林地	农渔业区-旅游休闲娱乐区
22	胡陈乡	林地-农田	—
23	裘村镇	林地-农田	旅游休闲娱乐区-农渔业区
24	莼湖镇	林地-湿地-农田	农渔业区
25	力洋镇	林地-农田	农渔业区
26	梅林街道	林地	—
27	强蛟镇	湿地-林地	农渔业区-旅游休闲娱乐区-港口航运区
28	桥头胡街道	林地	农渔业区
29	西店镇	林地-湿地	农渔业区-工业与城镇建设用海区
30	一市镇	林地-农田	农渔业区

续表

序号	沿海乡镇（街道）	土地利用结构	海域使用结构
31	越溪乡	湿地-林地	农渔业区
32	长街镇	农田	农渔业区-工业与城镇建设用海区
33	大徐镇	林地-农田	—
34	丹东街道	林地-工业城镇用地	农渔业区-旅游休闲娱乐区
35	定塘乡	农田-林地	农渔业区
36	东陈乡	林地-湿地	农渔业区-工业与城镇建设用海区
37	高塘岛乡	林地-农田-湿地	港口航运区-旅游休闲娱乐区
38	鹤浦镇	林地	农渔业区-港口航运区-旅游休闲娱乐区
39	黄避岙乡	林地-农田	农渔业区
40	爵溪街道	林地	农渔业区-工业与城镇建设用海区-旅游休闲娱乐区
41	墙头镇	林地-湿地	海洋保护区-工业与城镇建设用海区
42	石浦镇	林地-湿地	旅游休闲娱乐区-农渔业区-工业与城镇建设用海区
43	泗州头镇	林地	农渔业区
44	涂茨镇	林地-湿地	农渔业区-港口航运区-工业与城镇建设用海区
45	西周镇	林地	农渔业区-旅游休闲娱乐区-港口航运区
46	贤庠镇	林地-农田	农渔业区-工业与城镇建设用海区-港口航运区
47	晓塘乡	林地-农田	农渔业区
48	咸祥镇	农田-林地	农渔业区
49	瞻岐镇	林地-农田	农渔业区-工业与城镇建设用海区
50	黄家埠镇	农田-工业城镇用地	—
51	临山镇	农田-工业城镇用地	—
52	泗门镇	农田-工业城镇用地	—
53	小曹娥镇	农田-湿地	农渔业区-工业与城镇建设用海区
54	招宝山街道	工业城镇用地	港口航运区
55	蛟川街道	工业城镇用地	特殊利用区-工业与城镇建设用海区
56	澥浦镇	工业城镇-农田	特殊利用区-工业与城镇建设用海区

第三节 宁波市海岸带围填海现状

宁波市海岸带处于杭州湾、三门湾、象山港等东海淤涨型滩涂，滩平水浅，围垦历史悠久。本研究采用 1990 年、2000 年、2005 年、2010 年、2015 年和 2018 年采集的卫星遥感影像对宁波市海岸带围填海状况进行初步调查，并结合围填海造地确权数据进行全数分析。

一、宁波市海岸带围填海基本情况

初步调查显示，宁波市 20 世纪 90 年代至 2018 年围填海造地总面积为 56 407.01 hm²，93 个区块。其中 1990—2000 年之间围填海造地面积为 13 170.47 hm²，19 个区块，占围填海总面积的 23.35%，主要分布在慈溪市、镇海区等杭州湾海岸，象山港内的奉化区、海宁市、象山县以及三门湾内宁海县南部沿海；2001—2005 年之间围填海造地面积为 11 620.60 hm²，22 个区块，占围填海总面积的 20.60%，主要分布在慈溪市、镇海区等杭州湾海岸，北仑区以及三门湾内宁海县南部沿海等区域；2006—2010 年之间围填海造地面积为 7 639.40 hm²，24 个区块，占围填海总面积的 13.54%，主要分布在杭州湾慈溪市海岸，北仑区梅山岛、鄞州区瞻岐镇、象山县以及三门湾内宁海县南部沿海等区域；2011—2015 年之间围填海造地面积为 21 088.57 hm²，20 个区块，占围填海总面积的 37.39%，主要分布在余姚市、慈溪市、镇海区等杭州湾海岸，鄞州区、象山县以及三门湾内宁海县南部沿海等区域（图 8-3）。2016—2018 年之间围填海造地面积为 3 787.98 hm²，8 个区块，占围填海总面积的 6.72%，主要分布在余姚市、慈溪市等杭州湾海岸，鄞州区、奉化区等区域。1990—2018 年宁波市围填海区域分布见图 8-4。

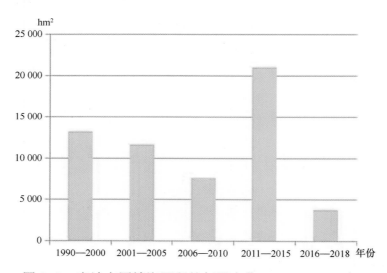

图 8-3　宁波市围填海面积的年际变化（1990—2018 年）

对 2010 年以来的宁波市围填海管理情况地行分析。2010—2018 年宁波市围填海总面积 6 212.68 hm²，其中确权面积 1 289.14 hm²，占围填海总面积的 20.75%；未确权面积 4 499.87 hm²，占围填海总面积的 72.43%；权属不明确面积 441.64 hm²，占围填海总面积的 7.11%。新增围填海主要发生在 2012 年、2016 年和 2017 年，分别占围填海总面积的 37.51%、47.75% 和 11.36%。围填海区域主要集中在余姚市小曹娥镇、杭州湾新区、镇海区、鄞州区瞻岐镇等区域，具体如图 8-5 所示。

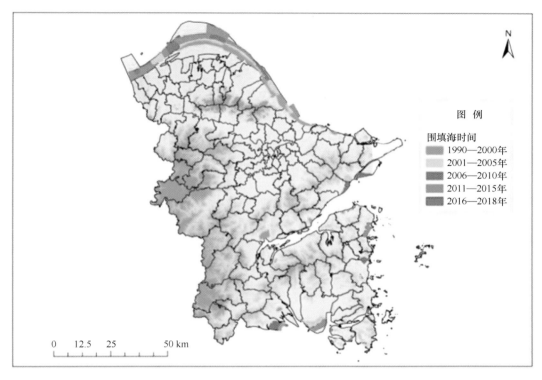

图 8-4　1990—2018 年宁波市海岸带围填海分布区域

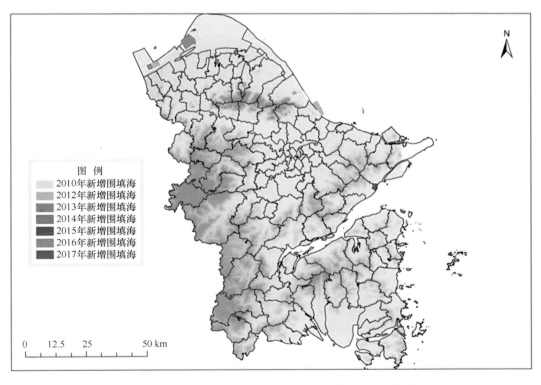

图 8-5　2010 年以来宁波市新增围填海区域分布

二、宁波市围填海管理存在的问题

整体梳理宁波市围填海历程和现状，结合国家围填海管理制度及当前国家围填海管控的总体形势，经分析发现宁波市围填海管理存在以下问题。

1. 人多地少，围填海需求旺盛

宁波市地处长江三角洲城市群南部沿海，人口密集，产业发达，近30年的工业、城镇快速发展形成规模化的土地资源需求。宁波市总体地形以山地丘陵为主，山地丘陵区为森林覆盖区，在天然林保护、生态红线等生态保护制度约束下，成为禁止开发区；少量平原区域为基本农田分布区，存在国家基本农田保护制度的硬约束，也不能随意开发利用；而沿海淤泥质滩涂空间广阔，水浅滩平，易于围填，成为宁波市拓展发展空间的重要区域。宁波市从1990年至2008年围填海总面积约56 407.01 hm²，平均每年约2 000.0 hm²，远高于同期全国其他区域的围填海强度，填海造地成为耕地占补平衡的重要手段。

2. 围填海区域空间规划重叠

通过对宁波市土地利用规划和海洋功能区划的空间叠加分析，发现宁波市土地利用规划和海洋功能区划存在较大区域的空间重叠。土地利用规划一般以0 m等深线为规划的海域外边界线，而海洋功能区划是以平均大潮高潮线为邻接陆地的区划边界线，这样处于平均大潮高潮线和0 m等深线之间的潮间带区域就成为土地利用规划与海洋功能区划重叠规划区域。在宁波市重叠区域主要集中在杭州湾沿岸的余姚市和慈溪市及杭州湾新区。重叠区域在土地利用规划和海洋功能区划中的功能定位不尽相同，海洋功能区划该区域主要为工业与城镇建设用海区，而土地利用规划主要为一般农田和滩涂。土地主管部门依据土地利用规划在此进行农业围垦，使此区域成为宁波市围填海的集中区域，但没有纳入海域管理。

3. 围填海活动多头管理

2010年以来宁波市围填海总面积6 212.68 hm²，其中海域确权面积1 289.14 hm²，占围填海总面积的20.75%；未确权面积4 499.87 hm²，占围填海总面积的72.43%。由此可以看出宁波市违规围填海问题比较突出。2017年海洋督察也指出宁波市违规围填海问题。宁波市形成大规模违规围填海问题的根源也在于陆海统筹管理不足，主要包括陆地和海洋重叠管理、真空管理等问题，在上述的土地利用规划和海洋功能区划重叠区域，土地主管部门依据土地利用规划实施的农业围垦活动未纳入海洋功能区划和海域权属管理制度，形成海洋管理事实违规围填海。而海域管理的大量围填海权属数据又处于海洋功能区划的范围之外，属于土地利用规划覆盖范围。

4. 围填海区域利用不足

通过近年采集的高空间分辨率卫星遥感影像对围填海区域的开发利用状态进行监测显示，宁波市大量围填海区域仍处于湿地沼泽状态，真正建设开发利用的围填海区域仅集中在镇海区、北仑区海岸少数围填海区块。杭州湾南岸余姚市、慈溪市、杭州湾新区的大规模围填海区域目前处于湿地沼泽、养殖池塘状态，部分区域处于撂荒状态，建设开发效率不高。

5. 围填海生态补偿不到位

围填海区域多为沿海滩涂湿地，这些滩涂湿地表面看似一片泥滩，但它在滩涂生物多样性维持、台风与风暴潮减灾防灾、渔业生产、气候调节等方面发挥着重要的生态功能，尤其是在滩涂鸟类生境维护、海洋灾害减灾防灾方面具有不可替代的作用。围填海将滩涂湿地围填成为陆地，直接改变了滩涂湿地的自然属性，也破坏了滩涂湿地作为生物多样性维护的栖息生境，弱化了滩涂湿地的减灾防灾功能。同时由于新围区地形相对较高，导致填海区的河道水闸淤积严重，排涝不畅，削弱了滩涂湿地的减灾防灾生态服务功能。宁波市沿海大规模的围填海，仅在杭州湾新区建立了一块湿地保护区，其他区域少有生态补偿实践，总体上滨海滩涂湿地的生态服务功能在减弱。

第四节　宁波市海岸线利用现状

海岸线具有重要的生态功能和资源价值，关系国家海洋生态安全、海洋经济绿色发展和沿海地区民生福祉，是海洋资源的重要组成部分，也是海洋经济发展的重要空间载体。本研究采用 2018 年高空间分辨率卫星遥感影像对宁波市海岸线利用现状进行了总体监测，并结合历史监测数据分析海岸线变化特征。

一、宁波市海岸线基本情况

根据 2018 年高空间分辨率卫星遥感影像解译分析结果，经统计宁波市大陆海岸线总长度约为 787.86 km，其中象山县和宁海县大陆海岸线最长，分别为 311.93 km 和 182.52 km，占宁波市大陆海岸线总长度的 39.59% 和 23.17%；同时，自然岸线也集中分布于象山县和宁海县区域内（图 8-6），余姚市和镇海区范围内无自然岸线。

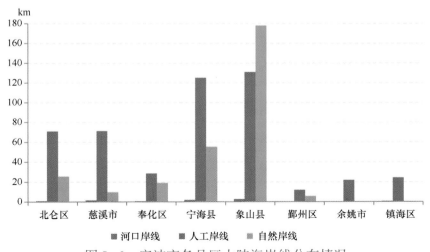

图 8-6　宁波市各县区大陆海岸线分布情况

从宁波市大陆海岸线一级类型空间分布来看，全市自然岸线保有率为37%（图8-7），集中分布于象山县和宁海县区域内，两县区自然岸线总长度占全市自然岸线长度的80%；由各县区范围内岸线类型比例来看，自然岸线占比最大的为象山县和奉化区，比例分别为57%和40%，人工岸线占比平均值超过60%。

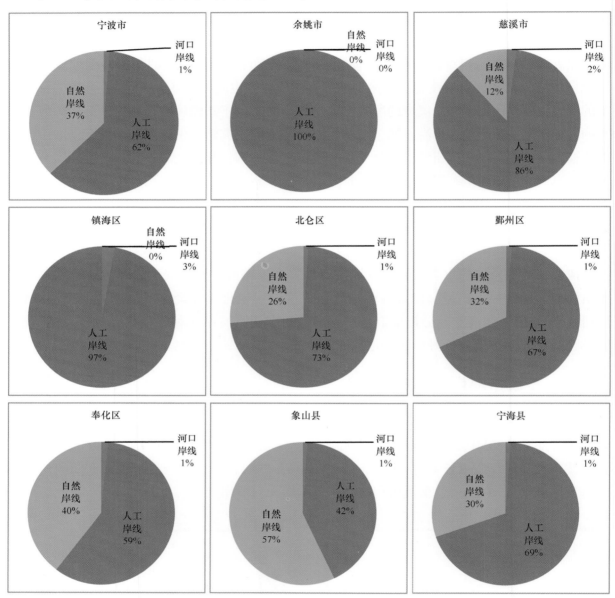

图8-7　宁波市大陆海岸线各类型占比情况

从宁波市大陆海岸线二级类型长度来看，人工岸线中的围池堤坝岸线长度最大，填海造地岸线长度次之；自然岸线中的基岩岸线长度最大，而具有生态功能岸线长度次之（图8-8）。

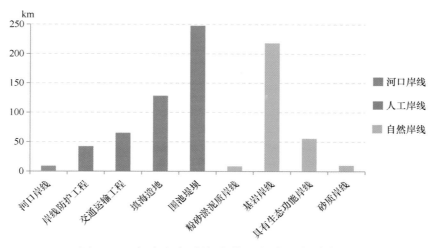

图 8-8　宁波市大陆海岸线二级类型长度情况

二、宁波市海岸线开发利用及变化趋势

1. 海岸线总长度减少

由于多年来宁波市各海湾内部多处进行大规模的港口码头、围垦造陆等工程建设，已使宁波市海岸的形态发生了较大变化，其中又以杭州湾、象山港潮汐汊道、三门湾下洋涂、岳井洋等深水港汊和淤泥舌状滩地等区域变化最为剧烈。人类对海岸线的不断开发，深刻影响了港湾岸线以及海岸地貌景观的演变过程，将由原本弯曲的自然岸线（或人工岸线），变为平直的人工岸线，岸线曲折度不断减小，岸线总长度逐年减少（表 8-4）。宁波市海岸线总长度已由 1990 年的 943 km 降至 2000 年的 807 km、2016 年的 798 km（图 8-9）。岸线曲折度降低，将影响港湾口门畅通，水沙输移平衡，破坏潮汐汊道自适应调节系统，同时还会直接削弱岸线防风消浪作用，抵御风暴潮、台风的能力有所下降。

表 8-4　宁波市沿海市（区）人工岸线分布情况

区域	人工岸线分布
余姚、镇海	人工岸线 100%、98%
慈溪、北仑	人工岸线 86%、73%
鄞州、宁海	人工岸线 67%、69%
象山、奉化	人工岸线 42%、59%

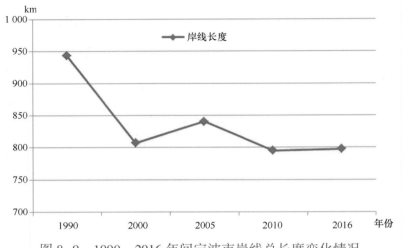

图 8-9　1990—2016 年间宁波市岸线总长度变化情况

　　宁波市自然岸线保有率已接近国家规定的 35% 大陆自然岸线保有率管控目标，面对沿海地区海洋经济快速发展需求，自然岸线资源储备明显不足。同时，自然岸线保护与利用水平有待提高，尤其是对海湾、河口、沙滩等重点区域海岸线的保护力度不足，现有岸线规划与海洋生态红线中的岸线保护格局存在不一致，严格保护的自然岸线在海洋生态红线格局中存在缺失；杭州湾南岸、慈溪-镇海一带人工岸线过长且无间断，易造成陆海生态隔离。

2. 自然岸线长度减少，开发模式趋于多样化

　　2016 年，宁波市自然岸线长度约 275.9 km，主要包括淤泥质海岸、基岩海岸和沙砾质海岸及自然恢复或整治修复后具有自然岸滩形态特征和生态功能的海岸线。宁波市大陆自然岸线主要以淤泥质海岸为主，海岛以基岩海岸为主，砂质和粉砂淤泥质海岸则较少。其中，粉砂淤泥质海岸主要分布在鄞州区春晓至松岙岸段、象山港西周镇岸段及象山县岳井洋和一市涂岸段；砂质海岸主要分布在象山县大岙沙滩、白沙湾村沙滩、双盘沙滩、红岩沙滩、柴岙沙滩、鹤头领沙滩等地。人工岸线长度为 519.3 km，类型主要有海堤、港口码头、防潮闸、船坞、道路等人工构筑物形成的海岸线，其中港口岸线主要分布在北仑、镇海、穿山、大榭、梅山、象山港和石浦等主要港区。河口岸线为 3.2 km，主要分布在甬江河口（图 8-10、图 8-11、表 8-5）。宁波市已开发利用大陆岸线 581 km，占大陆岸线总长的 70.5%，其中人工岸线开发利用长度 565 km，自然岸线开发利用长度 16 km。根据确权使用海岸线量统计，宁波市确权使用海岸线长度 133 km，占大陆岸线总长的 16.1%，位居浙江省确权使用海岸线量的首位①。

---

①　浙江省海岸线保护与利用规划。

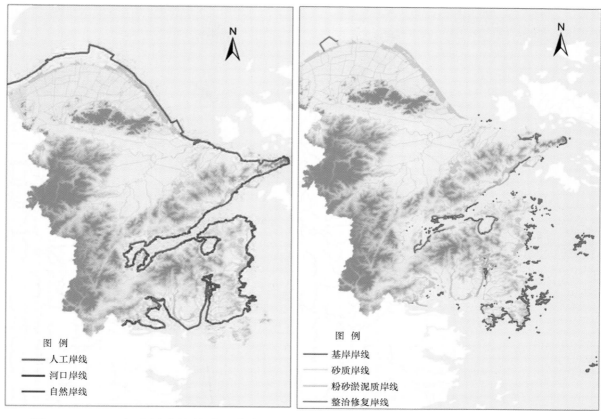

图 8-10 2016 年宁波市岸线类型分布　　　　图 8-11 宁波市自然岸线类型分布

表 8-5 2016 年宁波市岸线类型分区分类统计

区域	大陆岸线长度			
	总长（km）	自然岸线（km）	人工岸线（km）	河口岸线（km）
宁波市	798.4	275.9	519.3	3.2
杭州湾	116.8	0	116.8	0
宁波-舟山港	106.2	30.7	75	0.6
象山港	265.7	106.3	158.5	1.0
三门湾	309.7	138.9	169.1	1.8

　　2000—2016 年间，宁波市自然岸线占总岸线比例由 2000 年的 46% 下降至 2016 年的 34%；人工岸线所占比例则由 53% 增加至 65%；河口岸线变化不大。其中 2000—2010 年间岸线变化较为剧烈，自然岸线减少比例为 24.3%，下降较为明显；人工岸线比例增加了 18.3%，河口岸线比例减少 1.8%。2010—2016 年间，岸线变化相对放缓，自然岸线减少比例为 2.9%，人工岸线增加比例为 2.1%，河口岸线基本稳定。以象山港区域自然岸线减少最多，

10 余年间减少了 44.6 km，其次为三门湾，减少了 33.9 km；人工岸线以三门湾增加最多，增加了 51.7 km（图 8-12、表 8-6）。

图 8-12　2000—2016 年宁波市岸线变化情况

表 8-6　2000—2016 年宁波市岸线类型及变化情况

年份	岸线类型	变化情况
2000—2010	自然岸线	-24.3%↓
	人工岸线	18.3%↑
	河口岸线	-1.8%↓
2011—2016	自然岸线	-2.9%↓
	人工岸线	2.1%↑
	河口岸线	0.0%

从岸线变迁因素来看，人为活动是主要的影响因素，包括修建岸堤、养殖池、围海造陆、修建水利工程等。由于围海造陆、渔业养殖等工程，使得海岛并陆，海岸线大幅度向外推移。自然岸线减少区域主要集中在杭州湾南部余姚市小曹娥镇、象山港莼湖镇的红胜塘、强蛟镇磨盘山南侧海岸、贤痒镇和涂茨镇南岸以及三门湾的一市涂岸段、三山涂滩涂湿岸段、岳井洋滩涂湿地岸段及象山县东陈乡部分岸段，主要用于港口码头建设、产业经济区建设、交通路网建设及滨海旅游度假休闲区建设（图 8-13）。

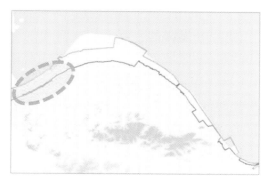
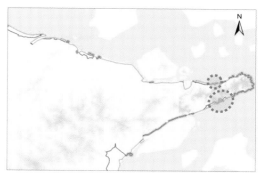

杭州湾宁波-舟山港

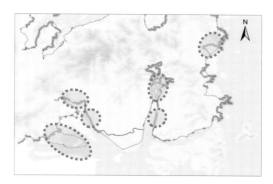

象山港三门湾

图 8-13　宁波市自然岸线减少区域的空间分布情况

第五节　宁波市海岸带产业布局与发展现状

21 世纪以来，宁波市工业产业快速发展，产业转型升级趋势明显，高端装备、新材料、新一代信息技术三大战略引领产业茁壮发展；汽车制造、绿色石化、时尚纺织服装、智能家电、清洁能源五大传统优势产业逐步呈强呈优；生物医药等新一批新兴产业和工业创新设计等一批生产性服务业孕育萌生。宁波市产业格局逐步形成"一核三带三十五园"的空间布局结构，其中滨海区域是宁波市产业发展布局的核心区域。"三带"中的东部沿海产业带、杭州湾产业带、南部港湾产业带都位于宁波市滨海区域。东部沿海产业带位于北仑区与镇海区滨海区域，包括大榭开发区、镇海石化经济技术开发区、宁波出口加工区、宁波国际海洋生态科技城等沿海区域；杭州湾产业带位于慈溪市和余姚市滨海区域，包括杭州湾新区、余姚经济开发区、慈东工业区等；南部港湾产业带位于宁波市南部的奉化区、宁海县、象山县滨海区域，包括奉化科技产业园区、宁波南部滨海新区工业集聚区、象保合作区等。"三十五园"大多数位于宁波滨海区域，包括 10 个工业战略集聚区和 25 个工业优势集聚区。

宁波市产业布局整体上呈现出北强南弱的特点，产业大平台在北部的杭州湾和东部的镇海、北仑滨海带状分布格局明显，而南部的宁海县和象山县的产业规模、产业园区数量等均较小。沿海区域是宁波市战略性产业平台、国家级开发区的主要承载空间和集聚区域，也是宁波市产业转型发展和优化空间布局的核心区域。该区域目前有宁波经济技术开发区、宁波杭州湾新区、宁波保税区、宁波大榭经济开发区、宁波国家高新技术开发区、宁波石化经济技术开发区 6 家国家级工业开发区，以及余姚经济开发区、浙江前海经济开发区、宁波南部滨海新区等 12 家省级工业开发区（园区）。中小型产业园区以街道、乡镇级工业园区为主，散布于交通便利的各个滨海乡镇。

宁波市未来五大发展战略目标为：链接国际的全球枢纽、开发包容的贸易中心、充满科技活力的创智中心、享誉亚太的文化中心与文化宜居的幸福家园。《宁波市海洋经济发展规划》《浙江大湾区建设行动计划》及《宁波市国土规划（2015—2030 年）》（送审稿）、《宁波 2049 年城市发展战略》（征求意见稿）中均有对宁波市重点滨海产业带产业发展的目标及定位（表 8-7），这些都将进一步提升宁波市滨海产业带融入"大湾区"的集聚发展水平。

表 8-7　宁波市滨海产业带产业发展定位

规划	杭州湾	慈东-镇海	北仑沿海	象山港	大目洋	三门湾
宁波市海洋经济发展规划	战略性新兴制造与研发产业	港口物流、石化化工、炼化、化纤新材料	港口物流、临港产业、石化炼化	滨海旅游、海洋渔业、海洋新兴产业和服务业	休闲旅游滨海新城	新能源、生物医药、新材料、滨海旅游
浙江大湾区建设行动计划	新材料研发、生命健康产业创新中心	—	港口物流	高新技术服务业	—	休闲旅游
宁波市国土规划（2015—2030 年）	高端制造业	高端制造业	港口物流、临港工业	海洋旅游、海洋渔业，兼顾海洋产业	海洋旅游	生态型临港工业
宁波 2049 年城市发展战略	智能制造	—	港口物流、临港产业	国家海湾生态公园	休闲旅游	现代农业、休闲旅游

根据《宁波市重点工业集聚区规划（2016—2020 年）》分析，其重点工业集聚区的主导产业类型包括新材料、新能源、新装备、新一代信息技术等 11 类。我们对这 11 类主导产业的产业类型、污染源、陆海影响等进行了综合分析，其主要特征归纳如下。

（1）工业集聚区的产业污染类型主要有五种。包括：重金属、废弃物、大气、水污染和空间占有，从其主导产业来看，重金属、废弃物和水污染是宁波市重点工业集聚区的主要污染类型。

（2）污染对象有三种。包括土壤、水体和大气，从工业集聚区规则布局和保障措施来看，其主要污染影响对象为水体。

（3）陆海影响半径以"海域辐射为主，陆域内部为辅"。由宁波市重点工业集聚区规则布局和保障措施分析，重点强化了陆域用地、生态环境、基础设施等管理，但忽略了海域辐射的影响。

（4）工业集聚区的约束内容以资源开发和生态环境为主。陆域约束力主要为单元内部的土地资源开发，引发城市生态环境的影响；而海域外部辐射约束力是对海域生态环境的影响，进而限制其空间资源的可开发利用类型。

依据主导产业分析结果，针对宁波市重点工业集聚区的约束影响力，绘制其陆海互相影响区空间分布（图8-14）。从其主导产业空间分布来看，主要有两个集中区：第一个是新能源和新材料集中区，空间分布于杭州湾和慈溪市海岸带范围内；第二个是石化和汽车及零部件集中区，空间分布于镇海区和北仑区海岸带范围内。从其陆海互相影响区空间分布来看，由北向南，杭州湾至北仑区海岸带约束影响力和影响范围大于南部区域。

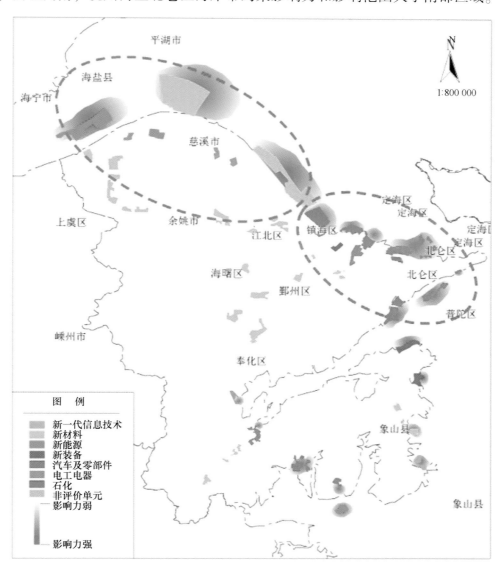

图8-14　宁波市重点工业集聚区的陆海互相影响区空间分布

HAI'ANDAI LUHAI TONGCHOU KONGJIAN GUIHUA LILUN FANGFA YU SHIJIAN

　　由图 8-14 可见，宁波市重点工业集聚区的陆海互相影响区空间分布具有如下两个特点。

　　（1）33 个工业集聚区单元完全符合主体功能区规划协调性，与城市化空间协调性基本符合。

　　（2）与生态空间和农渔业空间协调性冲突较大。主要是工业集聚区规划编制时，遵照了陆域的城市环境保护规划、生态红线保护规划和主体功能区规划等相关专项规划要求，但缺少了对工业集聚区辐射影响力的分析，特别是其对海洋功能区划、海洋生态环境等的辐射影响。

第九章 宁波市海岸带"多规"并存主要问题分析

第一节 宁波市海岸带陆海空间"多规"并存特征

收集宁波市城市发展、产业发展对陆海空间拓展或影响空间资源开发利用的各类空间规划42个，主要包括《浙江省主体功能区规划（2010—2020年）》《宁波市城市总体规划（2006—2020年）》《宁波市土地利用总体规划（2006—2020年）》等陆域相关重要规划，以及《浙江省海洋功能区划（修编）（2011—2020年）》《浙江省海洋生态红线划定方案》等主要海洋规划。土地利用总体规划、城市总体规划、港口规划等空间规划与陆海规划衔接性强，作为收集处理的重点。

针对各类规划文本内容进行详细分析和汇总，提炼出26项规划的范围、目的、目标、空间布局、空间管制等信息，依据其陆海关联性（无直接关联、辐射影响、约束影响等），归纳总结出"多规"并存现状的特点如下。

（1）七类规划，主要集中于资源保护、区域开发和海洋开发。

依据各规划的用途与目的，可将其划分为产业发展、城镇发展、海洋开发、区域开发、土地开发、资源保护和综合交通七类，由其数量可知，资源保护、区域开发和海洋开发三类规划占比为57.69%［图9-1（a）］。其中，陆域和海域空间规划独立存在，且属于同级同类，资源保护与开发利用并重，各占一半［图9-1（b）］。

（2）海岸带区域"多规"直接影响率达85%。

由26个空间规划的范围、目的、发展方向等信息，确定对海岸带区域具有直接影响的有22个规划（占比85%），其余4个为辐射约束影响［图9-1（c）］。

由26个空间规划文本以及部分图件资料描述，规划范围无法详细界定空间边界，部分仅有四至坐标或地理文字描述信息，而无空间量化标识坐标［图9-1（d）］。

针对收集到位的空间规划文本，对功能类型、管制用途等信息进行详细分析，并利用空间叠加分析方法，分析"多规"并存的空间功能类型和管制用途协调性，相对不协调的区域主要有如下四个（图9-2）。

（1）1号区域位于余姚市海岸带，杭州湾最内侧，存在两处重要湿地保护区（杭州湾河口、庵东沼泽），此空间有多个规划重叠，存在海洋生态红线的限制区、海洋功能区划的工业与城镇用海区、海洋功能区划的保护区、余姚市滨海新城总体规划的适建区和限建区五种空间管制用途不协调情况。

（2）2号区域位于慈溪市海岸带范围内的宁波杭州湾新区，此区域的空间规划重叠有

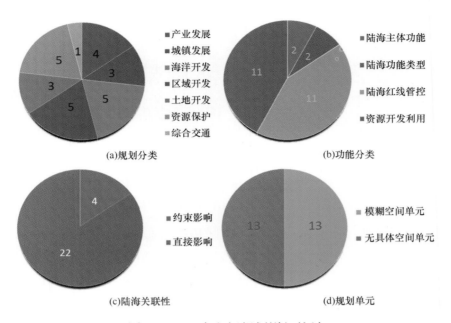

图 9-1　26个空间规划详细统计

图 9-2　"多规"并存空间功能类型和管制用途协调性分析

17 次之多，存在海洋生态红线的限制区和海洋功能区划的保留区与宁波杭州湾产业集聚区发展规划、宁波杭州湾新区总体规划等在空间管制用途上不协调的情况。

（3）3 号区域位于奉化区和象山县海岸带，象山港内部，此范围内湿地空间资源丰富，有两处重要湿地保护区（南沙岛海岸、缸爿山岛海岸），大小港口繁多；空间规划错综复杂，有三处海洋生态红线的限制区，海洋功能区划的工业与城镇用海区和农渔业区、海洋保护区相邻，以及港口航运区和旅游休闲娱乐区相邻，存在规划自身和"多规"之间的功能不协调情况。

（4）4 号区域位于宁海县和象山县海岸带，三门湾内，此范围内湿地、农渔资源丰富，有两处重要湿地保护区（三门湾海岸、花岙岛海岸），存在海洋功能区划的工业与城镇用海区和港口航运区，与《宁波市湿地保护与利用规划（2009—2020 年）》空间功能不协调情况。

第二节　宁波市海岸带主要空间规划陆海协调性分析

本节以浙江省主体功能区规划、浙江省海洋主体功能区规划、宁波市土地利用总体规划、宁波市海洋功能区划为主，分析各类空间规划在海岸带区域的陆海协调性。

一、浙江省陆海主体功能区规划在宁波市海岸带区域协调性分析

利用地理信息软件 ArcGIS 的空间叠加分析方法，由浙江省主体功能区规划（2010—2020 年）和浙江省海洋主体功能区规划（2017—2020 年）空间关联分析可知，宁波市海岸带范围内的陆域主体功能区类型为重点开发区，而海域主体功能区类型为优化开发区和限制开发区，规划衔接区域存在等级错位。特别是象山港区域，海域限制开发区被海湾周边陆域的重点开发区包围（图 9-3），陆域空间资源的重点开发利用可能对海域空间保护产生较大压力，需要做好陆海空间保护利用格局的协调衔接（表 9-1）。

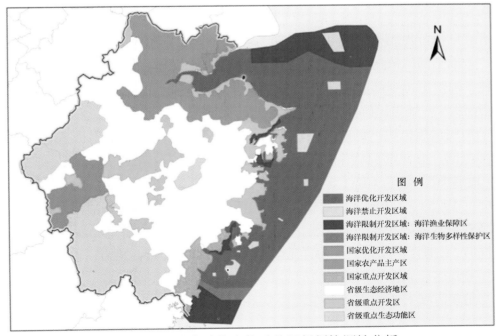

图 9-3　宁波市陆海主体功能区规划协调性分析

表 9-1　宁波市陆海主体功能衔接要点分析

沿海县级区	主体功能		陆海协调衔接要点
	陆域	海域	
余姚	重点	优化	杭州湾两岸主体功能定位跨区协调
慈溪	重点	优化	
镇海	重点+优化	优化	甬舟同城发展主体功能定位跨区协调
北仑	重点+优化	优化	
鄞州（象山港）	重点+优化	限制	陆域重点区和海域限制区衔接
奉化（象山港）	重点	限制	
象山（象山港）	重点	限制	陆域重点区和海域限制区嵌套
宁海（象山港）	重点	限制	
宁海（三门湾）	重点	限制	陆域重点区和海域限制区重叠
象山（三门湾）	重点	限制	

二、宁波市海洋功能区划和土地利用总体规划在海岸带区域协调性分析

针对宁波市土地利用规划与海洋功能区划的功能分区类型进行空间协调性分析，由分析结果可以看出，宁波市陆海管理边界不一，存在功能重叠冲突，主要表现如下。

1. 陆海分界线不一致

当前存在陆海分界线不一致问题，主要原因是原国土资源部门与海洋部门关于陆海分界的定义不一。国土部门依据《第二次全国土地调查技术规程》：陆地与海洋的界线采用国家确定的界线，即海军司令部航海保证部（以下简称航保部）提供的海图上最新零米等深线。同时，《测绘法》还规定，航保部是海洋测绘的主管部门，负责和管理海洋基础测绘工作，也是唯一的海图出版机构。目前正在开展的第三次全国土地调查范围也覆盖了零米等深线向陆的全部范围。海洋部门确定的海陆分界线所依据的是三大国家标准，即《1∶5 000、1∶10 000 地形图图式》（GB/T 5791—93）、《1∶500、1∶1 000、1∶2 000 地形图图式》（GB/T 7929—1995）、《中国海图图式》（GB 12319—1998）。这些标准均规定：海岸线是指平均大潮高潮时水陆分界线的痕迹线，一般可根据当地的海蚀阶地、海滩堆积物或海滨植物确定。同时，《海洋学术语——海洋地质学》（GB/T 18190—2000）也规定："海陆分界线，在我国系指多年大潮平均高潮位时海陆分界线。"实践表明，多年大潮平均高潮位时海陆分界线与最新零米等深线之间存在较大差距。全国海洋功能区划即依据此确定海陆管理分界线。

2. "两规"重合范围较大

宁波市海岸带土地利用规划与海洋功能区划重叠区域总面积约 56 532.95 hm²。重叠区域主要集中分布在杭州湾、象山港、大目洋、三门湾和象山港外的梅山岛附近海域，如图 9-4 所示。其中，杭州湾重叠区域面积 25 949.29 hm²，占重叠区域总面积的45.90%；象山港重叠区域面积 10 188.34 hm²，占重叠区域总面积的18.02%；三门湾重叠区域面积 11 584.18 hm²，占重叠区域总面积的 20.49%；大目洋重叠区域面积5 755.40 hm²，占重叠区域总面积的 10.18%；象山港外梅山岛附近海域重叠区域面积3 055.75 hm²，占重叠区域总面积的5.41%（表 9-2）。陆海空间规划的区域重叠，造成陆海空间开发管理的混乱。根据海洋督察的结果，宁波市有 181.37 hm² 土地开发项目审批确权区域在海洋功能区划范围内，而又存在 1.08×10⁴ hm² 围填海项目审批确权区域在土地利用规划范围内。

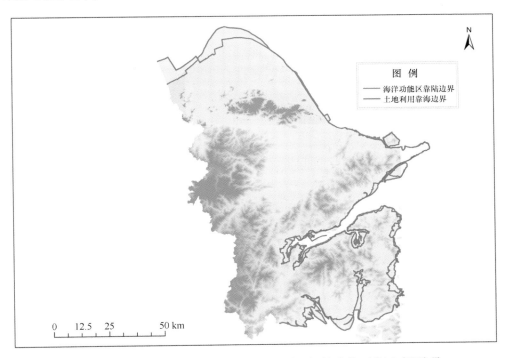

图 9-4　宁波市海岸带土地利用规划与海洋功能区划空间重叠

表 9-2　宁波市分区空间功能重叠冲突情况

重叠区域	重叠区面积（hm²）和占比（%）	空间功能重叠冲突情况
杭州湾	25 949.29（45.90）	主要分布在余姚市小曹娥镇和杭州湾新区；建设用海区、农渔业区与农田、滩涂湿地等功能重叠冲突
梅山岛	3 055.75（5.41）	主要集中在梅山岛、鄞州区南部海岸和象山县北部海岸；建设用海区、旅游休闲娱乐区与滩涂湿地等功能重叠冲突

重叠区域	重叠区面积（hm²）和占比（%）	空间功能重叠冲突情况
象山港	10 188.34（18.02）	宁海县、象山县和奉化区均有分布；功能重叠冲突情况同杭州湾
大目洋	5 755.40（10.18）	农渔业区、建设用海区、旅游休闲娱乐区与滩涂湿地等功能重叠冲突
三门湾	11 584.18（20.49）	宁海县和象山县均有分布；功能重叠冲突情况同杭州湾
合计	56 532.96	

三、宁波市海岸带陆海使用功能冲突的分区特征

宁波市海岸带主要存在如下六个区域的功能分区类型不协调（图9-5）。

1号区域位于杭州湾，土地利用规划功能分区类型为湿地和农田，而海洋功能区划功能分区类型为工业与城镇用海区和海洋保护区，存在向海要地和生态环境破坏的潜在矛盾。

2号区域位于慈溪湿地生态保护区，土地利用规划功能分区类型为湿地，而外侧海洋功能区划功能分区类型为工业与城镇用海区，存在生态风险。

3号区域位于梅山岛南侧，与2号区域不协调情况一致。

4号和5号区域位于象山县北侧和东侧，与2号区域不协调情况一致。

6号区域位于三门湾内，海洋功能区划功能分区类型的工业与城镇用海区和土地利用规划功能分区类型的农田不协调，空间资源开发利用上存在冲突。

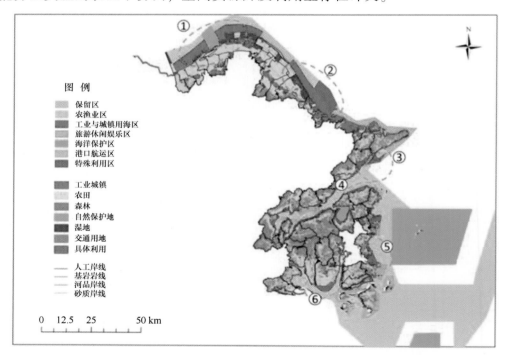

图9-5　宁波市海岸带土地利用规划与海洋功能区划衔接功能冲突区

宁波市各分区的陆海功能冲突不协调问题的主要特征分述如下。

1. 杭州湾

杭州湾重叠区主要分布在余姚市小曹娥镇和杭州湾新区。小曹娥镇主要为工业与城镇建设用海区和农田、滩涂湿地空间重叠；农渔业区和滩涂湿地空间重叠。其中工业与城镇建设用海区和农田重叠区域面积为 4 349.44 hm²，工业与城镇建设用海区和滩涂湿地重叠区域面积为 1 931.15 hm²。农渔业区和滩涂湿地重叠区域面积为 3 511.36 hm²。杭州湾新区主要为工业与城镇建设用海区和农田、滩涂湿地空间重叠；农渔业区和滩涂湿地空间重叠；保护区与滩涂湿地空间重叠。其中工业与城镇建设用海区和农田重叠区域面积为 1 919.27 hm²，工业与城镇建设用海区和滩涂湿地重叠区域面积为 10 623.30 hm²，农渔业区和滩涂湿地重叠区域面积为 1 585.18 hm²，保护区和滩涂湿地重叠区域面积为 2 963.74 hm²。另外，在慈溪市沿海滩涂区域，存在保留区和滩涂湿地空间重叠；农渔业区和农田空间重叠；农渔业区和滩涂湿地空间重叠。其中保留区和滩涂湿地重叠区域面积为 391.62 hm²，农渔业区和农田重叠区域面积为 288.55 hm²，农渔业区和滩涂湿地重叠区域面积为 477.51 hm²。镇海区存在工业与城镇建设用海区与工业城镇、农田空间重叠。其中工业与城镇建设用海区和工业城镇重叠区域面积为 257.43 hm²，工业与城镇建设用海区和农田重叠区域面积为 206.34 hm²。杭州湾海洋功能区划与土地利用规划重叠区域图示见图 9-6。

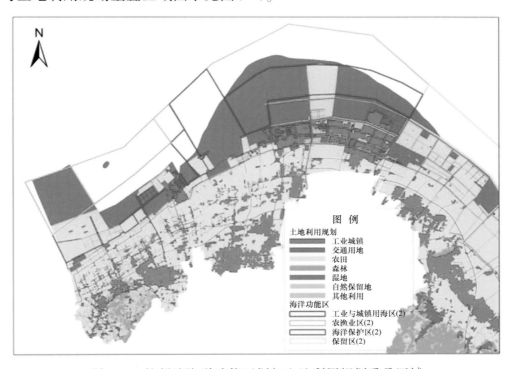

图 9-6　杭州湾海洋功能区划与土地利用规划重叠区域

2. 象山港

象山港海洋功能区划与土地利用规划空间重叠区域主要分布在象山港内的宁海县、象山县和奉化区。宁海县主要存在农渔业区和滩涂湿地空间重叠；工业与城镇建设用海区和滩涂湿地空间重叠；旅游休闲娱乐区和滩涂湿地空间重叠；港口航运区和滩涂湿地空间重叠。其中农渔业区和滩涂湿地空间重叠区域面积为 3 672.72 hm²，工业与城镇建设用海区和滩涂湿地空间重叠区域面积为 376.70 hm²，旅游休闲娱乐区和滩涂湿地空间重叠区域面积为 551.10 hm²，港口航运区和滩涂湿地空间重叠区域面积为 101.45 hm²。奉化区主要存在农渔业区和滩涂湿地空间重叠；旅游休闲娱乐区和滩涂湿地空间重叠。其中农渔业区和滩涂湿地空间重叠区域面积为 957.13 hm²，旅游休闲娱乐区和滩涂湿地空间重叠区域面积为 785.11 hm²。象山县主要存在旅游休闲娱乐区和滩涂湿地空间重叠；农渔业区和滩涂湿地空间重叠；港口航运区和滩涂湿地空间重叠；保护区和滩涂湿地空间重叠；工业与城镇建设用海区和滩涂湿地空间重叠。其中旅游休闲娱乐区和滩涂湿地空间重叠区域面积为 194.23 hm²，农渔业区和滩涂湿地空间重叠区域面积为 128.87 hm²，港口航运区和滩涂湿地空间重叠区域面积为 101.66 hm²，保护区和滩涂湿地空间重叠区域面积为 2 769.06 hm²，工业与城镇建设用海区和滩涂湿地空间重叠区域面积为 996.07 hm²。象山港海洋功能区划与土地利用规划空间重叠区域见图 9-7。

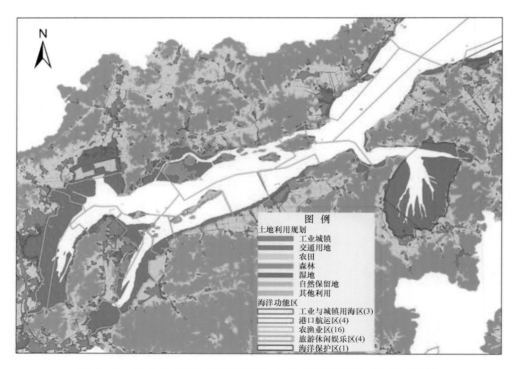

图 9-7　象山港海洋功能区划与土地利用规划空间重叠区域

3. 大目洋

大目洋海洋功能区划与土地利用规划空间重叠区域全部在象山县东海岸，主要存在农渔业区和滩涂湿地空间重叠；工业与城镇建设用海区和滩涂湿地空间重叠；旅游休闲娱乐区和滩涂湿地空间重叠。其中农渔业区和滩涂湿地空间重叠区域面积为 1 059.26 hm²，农渔业区和农田空间重叠区域面积为 1 994.58 hm²，工业与城镇建设用海区和滩涂湿地空间重叠区域面积为 2 469.40 hm²，旅游休闲娱乐区与滩涂湿地空间重叠区域面积为 129.96 hm²。大目洋海洋功能区划和土地利用规划空间重叠区域见图 9-8。

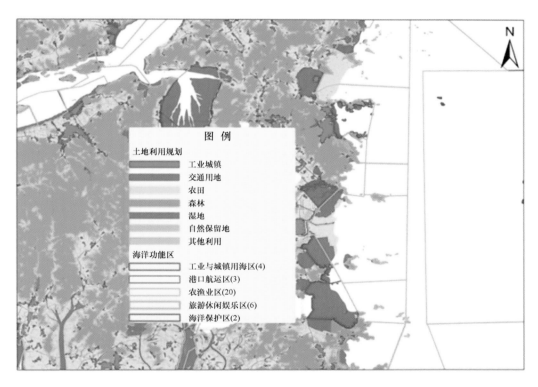

图 9-8　大目洋海洋功能区划与土地利用规划空间重叠区域

4. 三门湾

三门湾海洋功能区划与土地利用规划空间重叠区域主要分布在三门湾内的宁海县和象山县。宁海县主要存在农渔业区和滩涂湿地、农田空间重叠；工业与城镇建设用海区和农田空间重叠。其中农渔业区和滩涂湿地空间重叠区域面积为 6 452.62 hm²，农渔业区和农田空间重叠区域面积为 943.31 hm²，工业与城镇建设用海区和农田空间重叠区域面积为 2 008.81 hm²。象山县主要存在农渔业区和滩涂湿地、农田空间重叠；港口航运区和滩涂湿地、农田空间重叠。其中农渔业区和滩涂湿地空间重叠区域面积为 1 440.71 hm²，农渔业区和农田空间重叠区域面积为 364.42 hm²；港口航运区和滩涂湿地空间重叠区域面积为

211.70 hm², 港口航运区和农田空间重叠区域面积为 162.62 hm²。三门湾海洋功能区划和土地利用规划空间重叠区域见图9-9。

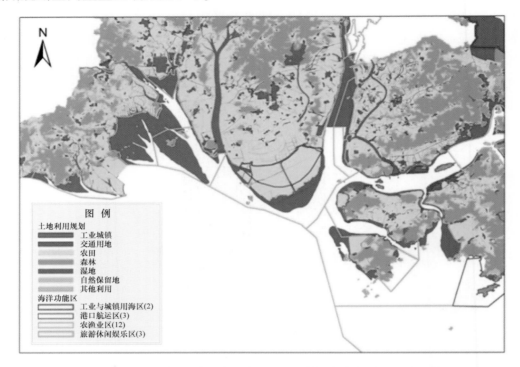

图9-9　三门湾海洋功能区划和土地利用规划空间重叠区域

5. 象山港外海域

象山港外海域海洋功能区划和土地利用规划空间重叠区域主要集中在梅山岛、鄞州区南部海岸和象山县北部海岸。梅山岛主要存在工业与城镇建设用海区和滩涂湿地空间重叠；旅游休闲娱乐和滩涂湿地空间重叠。其中工业与城镇建设用海区和滩涂湿地空间重叠区域面积为 741.27 hm²，旅游休闲娱乐和滩涂湿地空间重叠区域面积为 380.31 hm²。鄞州区南部海岸存在工业与城镇建设用海区和滩涂湿地、农田空间重叠。其中工业与城镇建设用海区和滩涂湿地空间重叠区域面积为 736.53 hm²，工业与城镇建设用海区和农田空间重叠区域面积为 338.62 hm²。

象山县北部存在工业与城镇建设用海区和滩涂湿地空间重叠；工业与城镇建设用海区和工业城镇空间重叠；港口航运区和滩涂湿地空间重叠。其中工业与城镇建设用海区和滩涂湿地空间重叠区域面积为 728.88 hm²，工业与城镇建设用海区和工业城镇空间重叠区域面积为 46.54 hm²，港口航运区和滩涂湿地空间重叠区域面积为 83.60 hm²。象山港外海域海洋功能区划和土地利用规划空间重叠区域见图9-10。

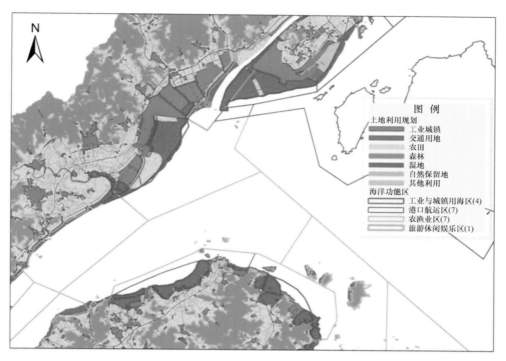

图 9-10　象山港外海域海洋功能区划和土地利用规划空间重叠区域

第三节　宁波市陆海生态保护红线协调性分析

生态保护红线是近年来我国生态环境保护的重要空间控制性文件，陆地生态保护红线与海洋生态红线共同构筑形成陆海国土空间生态安全底线。陆地生态保护红线由生态环境保护主管部门划定，海洋生态红线由海洋主管部门划定，二者由于划定部门、划定时间、划定要求各不相同，存在陆海空间协调性问题，影响到海岸带区域的陆海生态统筹保护。

一、宁波市陆域生态保护红线格局及管控要求

宁波市域生态保护红线面积为 1 689.30 km^2，占市域总面积的 17.3%，主要包括饮用水水源一、二级保护区、自然保护区、森林公园、风景名胜区、重要湿地、国家级生态公益林。全市生态保护红线共划分为 4 个大类型 55 个功能小区，具体见表 9-3。

表9-3　宁波市生态保护红线划分情况

生态保护红线类型	个数（个）	面积（km²）	比例（%）	主导功能
水源涵养生态保护红线	28	1 415.1	83.9	水源涵养，农业灌溉，并兼顾洪水调蓄和水土保持等多种生态服务
生物多样性维护生态保护红线	11	69.4	4.0	加强生物资源的保护，保持和恢复野生动植物物种种群的平衡，加强防御外来物种入侵的能力，维护生态环境和生物多样性安全
水土保持生态保护红线	12	184.1	10.9	控制水土流失，加强流域综合治理，加强生态环境修复，扩大公益林面积，提高森林覆盖率，有效控制水土流失和生态退化
其他生态功能生态保护红线	4	20.8	1.2	加强风景资源保护，保护自然生态环境和人文景观，适宜开展风景观光、休闲度假和宗教文化活动等旅游活动

陆地生态保护红线管控要求：树立底线思维和红线意识，生态保护红线管控按照禁止开发区域的要求进行管理，禁止工业化、城镇化开发，严禁不符合主体功能定位的其他各类开发建设活动，严禁任意改变用途，确保生态功能不降低、面积不减少、性质不改变。将原有各种对生态环境有较大负面影响的生产、开发建设活动逐步退出。生态保护红线内生态用地只能增加不能减少。

在不影响生态功能的前提下，可以保持适量的人口规模和适度的农牧业与旅游业。原则上禁止新建农村居民点，现有合法农村居民点和农业用地可保留现状，但要严格控制规模。基础设施改建、扩建需要生态环境保护相关管理部门审批。允许开展与生态保护红线保护和历史文化遗迹保护相关的活动。允许开展符合法律法规与生态保护相关的科研教学活动，科研教学活动设施的建设不得对生态功能造成实质性影响，不得借科研教学开展商业化旅游设施建设。涉及军事设施建设的按国家相关规定执行。对村居建设、农业开发、线性基础设施、风电、光伏电站与水电开发、旅游开发、矿产资源开发、河湖滨岸带保护等提出分类管控措施和正面清单。

二、宁波市海洋生态红线格局及管控要求

宁波市海洋生态红线区面积为 3 330.59 km²，占浙江省海洋生态红线区面积的23.81%，主要包括海洋自然保护区、海洋特别保护区、特别保护海岛、重要河口生态系统、重要滨海湿地、重要渔业海域、沙源保护海域、重要滨海旅游区等。宁波市海洋生态红线（大陆自然岸线）共计308.98 km，其中纳入红线的整治修复岸线长度为110.07 km，纳入红线的自然岸线长度为198.91 km，占宁波市总大陆岸线长度的37.5%[①]。

---

① 《宁波市2049年城市发展战略》。渤海围填海发展趋势、环境与生态影响及政策建议；大规模围填海对滨海湿地的影响与对策；象山港多年围填海工程对水动力影响的累积效应。

海洋生态红线管控要求：海洋生态红线分为禁止类和限制类。禁止类主要包括海洋自然保护区（核心区和缓冲区）、海洋特别保护区（重点保护区和预留区）、特别保护海岛（领海基点岛）；限制类包括海洋自然保护区（实验区）、海洋特别保护区（生态与资源恢复区和适度利用区）、重要河口生态系统、重要滨海湿地、重要渔业海域、特别保护海岛、沙源保护海域、重要滨海旅游区。针对不同生态红线区，制定相应管控措施，其管控措施包括一般性管控措施和具体管控措施。

三、宁波市陆海生态保护红线协调性分析

1. 空间格局的协调性分析

宁波市陆域生态保护红线与海洋生态红线主要分布在韭山列岛、渔山列岛、鹤浦镇南田岛、象山港沿岸、慈溪沿海及杭州湾湿地公园等区域，在空间格局上存在交叉重叠或衔接不足等现象，具体见表9-4。

表 9-4 宁波市生态保护红线空间格局协调性分析

陆域生态保护红线	海洋生态红线	空间格局协调性分析
象山县韭山列岛国家级自然保护区生物多样性维护、水土保持生态保护红线	韭山列岛海洋生态自然保护区 韭山列岛外侧重要渔业海域	陆域关注岛屿，海洋关注岛屿及邻近海域
象山县渔山列岛国家级海洋特别保护区生物多样性维护、水土保持生态保护红线	渔山列岛国家级海洋特别保护区 渔山列岛外侧重要渔业海域	陆域关注岛屿，海洋关注岛屿及邻近海域
象山县南田岛森林公园生物多样性维护、水土保持生态保护红线	鹤浦滨海旅游区	二者空间范围存在不一致
象山县象山港沿岸生态公益林水土保持、生物多样性维护生态保护红线	西沪港重要滩涂湿地保护区	二者区域相邻，衔接不足
象山县中部及西部水源涵养林保护区水源涵养、水土保持、生物多样性维护生态保护红线	岳井洋重要滨海湿地	二者区域相邻，衔接不足
奉化区裘村镇国家公益林生物多样性维护生态保护红线	象山港蓝点马鲛国家级水产种质资源保护区核心区	二者区域毗邻，衔接不足
慈溪市沿海防护林保护区水土保持生态保护红线	杭州湾南岸保留湿地 杭州湾河口海岸镇海段湿地	陆海仅有部分衔接，中间岸段存在衔接空白区
慈溪市杭州湾湿地公园生态红线区水土保持、生物多样性维护生态保护红线	杭州湾湿地海洋保护区	范围不一致

由宁波市生态保护红线、浙江省海洋生态红线和浙江省海岸线保护与利用规划空间关联分析可知，有三处区域可能造成资源开发管制冲突（图9-11）。1号区域位于杭州湾内的余姚市海岸带，海洋生态红线为限制类而岸线保护与利用规划为优化利用；2号区域位

于慈溪市东部海岸带，海洋生态红线为限制类而岸线保护与利用规划为优化利用；3 号区域位于象山港中部海岸带，海洋生态红线为限制类而岸线保护与利用规划为优化利用。

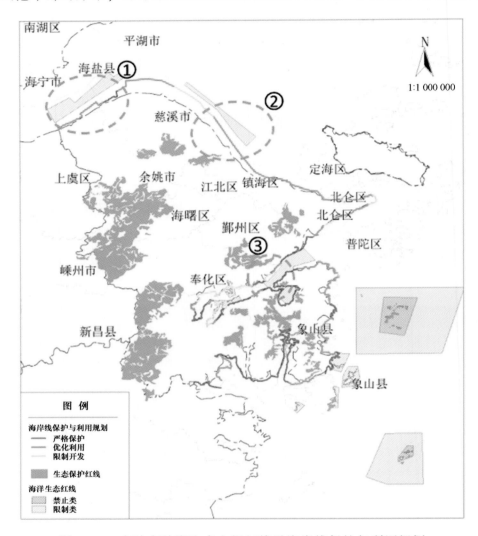

图 9-11　宁波市陆海生态空间红线及海岸线保护与利用规划

此外，相邻地区的跨行政边界生态红线区衔接不足，钱塘江口及两岸生态保护红线区需协调；宁波-舟山海域生态保护红线区需协调；象山港和三门湾需增强陆海保护的协同性。

2. 管控策略的协调性分析

通过对陆海生态保护红线管控策略的协调性分析可见，陆地生态保护红线管控按照禁止开发区域要求进行管理，同时，又对生态保护红线区可从事的人类活动做了进一步明确。

海洋生态红线则分为禁止类和限制类，主要针对不同类别红线区提出了具体的严格禁止和严格限制的开发活动。此外，还针对不同红线区域内的自然岸线提出了明确的禁止开发建设活动的管控措施要求。

四、宁波市陆海生态保护红线的陆海衔接

通过陆海生态保护红线协调性分析，得出当前主要存在空间范围不一致、关注重点不一致及毗邻陆海生态保护红线区衔接不足或重叠交叉等问题。针对空间范围不一致或交叉重叠等问题，建议遵循最大外边界原则，按照生态优先原则，从生态系统完整性角度，实施整体性统筹保护；针对关注重点不一致的问题，建议统一空间范围，根据陆域与海域主导功能有所侧重，二者互为补充，互相协调；针对毗邻区衔接不足等问题，建议按照生态优先、整体保护原则，在"山水林田湖草"大的自然格局下，统筹衔接陆海生态保护红线，通过增加河湖水系、迁徙通道，加强陆海生态红线区之间的联系，填补相毗邻的陆海红线区间的空白区域或不衔接区域，解决陆海生态系统割裂现状，并以自然恢复为主，生态修复为辅，施以整体性保护，构筑绿色生态安全屏障。此外，陆海生态保护红线管控方面存在管控级别不一致的问题，应严格遵循生态保护红线制度，以区域内陆海生态红线为主导，严格落实陆海生态红线管控要求，统筹管控岸线两侧陆海开发利用活动（图9-12）。

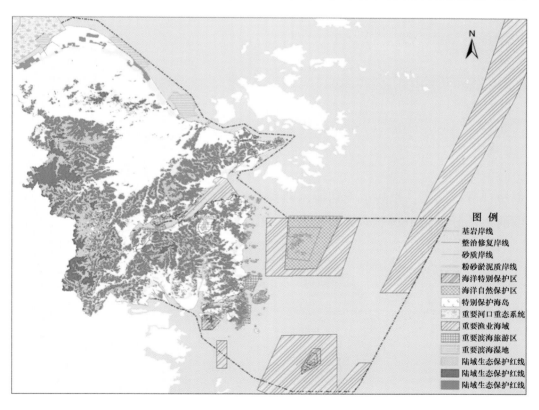

图 9-12　宁波市陆海生态红线区分布

第十章　宁波市海岸带开发适宜性评价

第一节　宁波市海岸线开发适宜性评价

基于海岸线综合利用适宜性指数模型，依据海岸线综合利用适宜性类型划分标准，以2018年宁波市大陆海岸线为基准，计算出宁波市海岸线综合利用适宜性评价结果（表10-1）。

表 10-1　宁波市大陆海岸线综合利用适宜性岸线长度及分布

行政区划	生态岸线（km）	生活岸线（km）	生产岸线（km）
余姚市	0	21.87	0
慈溪市	8.02	20.30	54.28
镇海区	0	19.83	5.16
北仑区	0	6.25	91.32
鄞州区	5.05	12.98	0
奉化区	6.22	42.13	0
象山县	72.61	119.94	119.39
宁海县	19.18	130.46	32.87

依据统计分析结果，宁波市大陆海岸线综合利用适宜性的生态、生活和生产三种类型岸线长度的占比分别为14%、47%和39%（图10-1）。

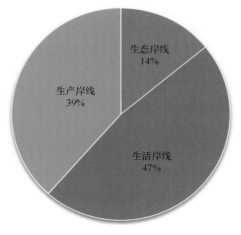

图 10-1　宁波市大陆海岸线综合利用适宜性统计

　　宁波市大陆海岸线综合利用适宜性的整体空间分布特征为"中部生态与生活，外部生产，内蓝外线"（图10-2），生态和生活岸线主要集中分布于杭州湾、象山港和三门湾三大湾区域，生产岸线主要集聚于宁波市东部海岸带。详细空间分布情况如下。

　　生态岸线：空间分布于杭州湾、象山港和三门湾三大湾区域内，与生态保护红线和海洋生态红线区域吻合，岸线主要集聚于象山县内，其长度占生态岸线总长度的65%，而余姚市、镇海区和北仑区三个行政区内无生态岸线。

　　生活岸线：空间分布于象山港和三门湾两大湾区域内，集聚于象山县和宁海县，其长度占生活岸线总长度的67%，由其空间分布特征来看，多以滨海新城或旅游休闲娱乐功能为主导的县区。

　　生产岸线：空间分布于宁波市东部海岸带，集聚于象山县、北仑区和慈溪市，其长度占生产岸线总长度的87%，多分布于产业集中区和港口区域，而余姚市、鄞州区和奉化区三个行政区内无生产岸线。

图 10-2　宁波市大陆海岸线综合利用类型空间分布

依据宁波市大陆海岸线综合利用适宜性分析结果与浙江省海岸线保护利用规划数据进行空间重叠分析，可以看出海岸线适宜类型与保护等级重合度基本吻合（图10-3），仅三门湾内部发现一小段冲突区域（生产岸线与严格保护不相协调）。

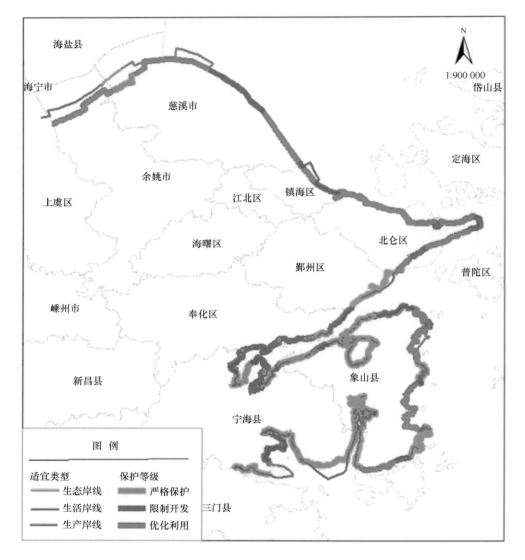

图10-3 宁波市大陆海岸线适宜类型与保护等级重合情况

第二节 宁波市海岸带陆地开发适宜性评价

宁波市海岸带陆域空间适宜性评价指标数据有统计数据（社会经济）、栅格数据（地形、地质、保护区）、矢量数据（土地利用）等，且各类数据单位和数量级不一致，为了保证后续指标数据空间叠加分析，需要对各指标数据进行标准化处理得到其标准化分级图层（图10-4）。其中生态重要性包括生态红线、森林公园、湿地公园、林地、滩涂，灾害考虑地质灾害和环境灾害风险，后方陆域影响考虑人均GDP、人均建设用地、人均耕地等，交通通达度按照道路等级向周边作辐射影响分析。

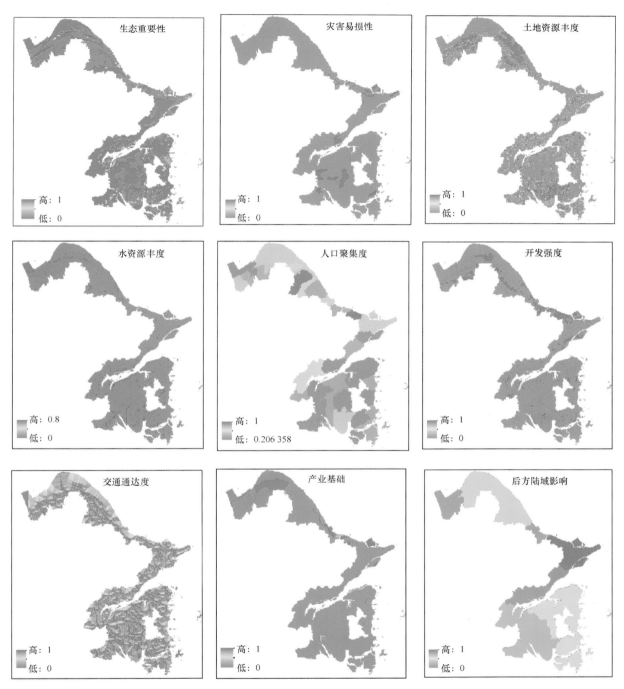

图 10-4　陆域评价指标数据标准化

　　宁波市海岸带陆域空间功能适宜性评价分为生态功能重要性评价、城镇开发适宜性评价、农业生产重要性评价三个部分。宁波市海岸带陆域空间功能适宜性评价结果分为三级：一级为适宜区；二级为一般适宜区；三级为不适宜区。评价方法采用因子加权评分法，公式如下：

$$F = \sum_{i=1}^{n} \mu_i x_i \qquad (10-1)$$

式中：F 为各类型适宜性评价总得分；μ_i 为第 i 项指标的权重；x_i 为第 i 项指标的得分；n 为评价指标个数。

一、陆域生态功能重要性评价

由陆域生态功能重要性评价结果可知（图 10-5），生态功能重要区主要分布在象山湾两侧咸祥镇、松岙镇、裘村镇、莼湖镇、西店镇、强蛟镇、大佳何镇、西周镇、黄避岙乡，三门湾附近的越溪乡、力洋镇、长街镇、高塘岛乡，象山东部涂茨镇、东陈乡、石浦镇以及杭州湾南岸小曹娥镇和庵东镇沿海区域，以生态保护区、森林公园、湿地公园、林地、水源涵养地、滩涂资源为主，生态功能完好。杭州湾南岸黄家埠镇、临山镇、泗门镇、周港镇、长河镇新浦镇、观海卫镇、掌起镇、龙山镇以农业生产为主；小曹娥镇、庵东镇、澥浦镇、招宝山街道、戚家山街道、霞浦街道、大榭开发区、瞻岐镇、贤庠镇、爵溪街道、丹东街道多以城镇建设、工业生产、港口产业、滨海新城、产业园为主，开发程度较高，生态功能较低。咸祥镇、莼湖镇、爵溪街道、丹东街道、鹤浦镇、高塘岛乡的沿海以滨海旅游为主，生态功能较好。

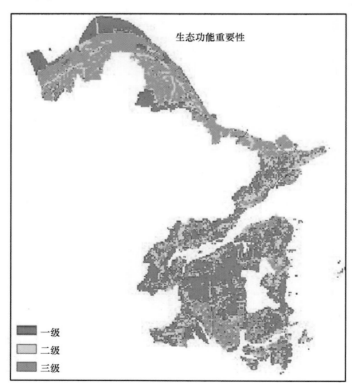

图 10-5　陆域生态功能重要性评价

二、陆域城镇开发适宜性评价

由陆域城镇开发适宜性评价可知（图10-6），宁波市北部智能经济区、东部精细化工区、临港经济新区开发程度较高，尤其余姚小曹娥镇、临山镇、泗门镇滨海新区，庵东镇杭州湾新城，慈东滨海新区，蛟川街道、招宝山街道、戚家山街道化工区，新碶街道、霞浦街道、大榭开发区、贤庠镇临港产业园，以上宁波市重要产业区和重点开发区，属于开发适宜性较好区域。鄞州、奉化、宁海、象山大部分区域开发比例较小，适宜性指数较低。余姚市、慈溪东部部分区域、象山南部区域为城镇开发一般区域。

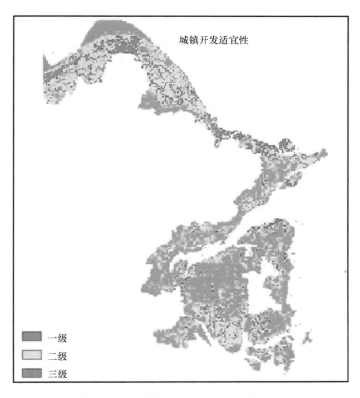

图 10-6　陆域城镇开发适宜性评价

三、陆域农业生产重要性评价

由陆域农业生产重要性评价结果可知（图10-7），宁波市农业生产主要分布在余姚北部黄家埠镇、临山镇、泗门镇；慈溪东部新浦镇、附海镇、观海卫镇、掌起镇；象山湾两侧瞻岐镇、咸祥镇、裘村镇、纯湖镇及强蛟镇的部分地区和三门湾力洋镇、长街镇定塘镇，晓塘乡属于基本农田区，以旱地和水田为主，是重要的农业生产区。杭州湾新城、镇海区、北仑区属于开发区域，象山北部涂茨镇、墙头镇、西周镇及中部和东部泗州头镇、东陈乡、石浦镇属于低山丘陵，环境容量较小，生态环境好，农业生产适宜性指数较小。鄞州区、奉化区及象山湾底的乡镇属于农业生产一般区域，农业生产适宜性指数最小。

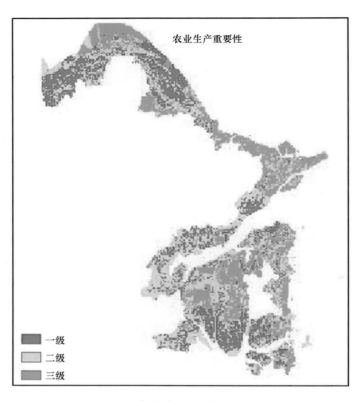

图 10-7　陆域农业生产重要性评价

第三节　宁波市海岸带海域开发适宜性评价

宁波市海岸带海域空间适宜性评价指标数据有矢量数据（海域权属、海洋功能区划）、统计数据（海洋经济）、栅格数据（赤潮分布、海洋保护区）等，且各类型数据单位和数量级不一致，为了保证后续指标数据空间叠加分析，需要对各指标数据进行标准化处理得到其标准化分级图层（图 10-8）。其中，海洋生态重要性是海洋保护区、生态红线、湿地、滩涂、水深几类数据综合；海洋产业考虑航运规模和渔业经济；开发强度考虑工业用海、城镇用海；渔业基础考虑渔港分布、渔业养殖类型；交通通达度根据海上航线、锚地等向周边作辐射影响分析。

宁波市海岸带海域空间功能适宜性评价分为海洋生态功能重要性评价、建设用海空间适宜性评价、渔业用海空间重要性评价三个部分。宁波市海岸带海域空间适宜性评价结果分为三级：一级为适宜区；二级为一般适宜区；三级为不适宜区。评价方法同样采用因子加权评分法。

一、海域生态重要性评价

海域生态功能重要区主要包括杭州湾南岸滩涂、三门湾滩涂、象山湾滩涂及生态保护

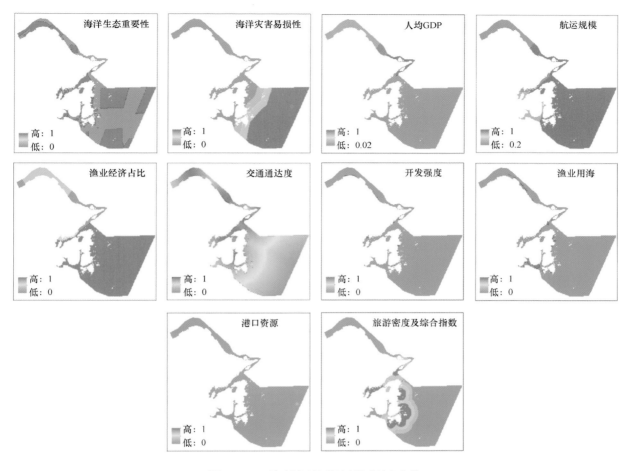

图 10-8 海域评价指标数据标准化

区、象山县东部部分海洋生态红线以及象山港旅游休闲娱乐区、石浦旅游休闲娱乐区、梅山旅游休闲娱乐区、松兰山旅游休闲娱乐区、凤凰山旅游休闲娱乐区、花岙旅游休闲娱乐区等。海域生态功能较好区域主要分布在宁海、象山及梅山附近，主要是鹤浦旅游休闲娱乐区、象山港旅游休闲娱乐区、花岙旅游休闲娱乐区、檀头山旅游休闲娱乐区、石浦旅游休闲娱乐区、梅山旅游休闲娱乐区、松兰山旅游休闲娱乐区等旅游区辐射区域。镇海、北仑、杭州湾南岸工业及城镇建设用海，象山县东部海域主要以海洋渔业养殖和捕捞为主，生态重要性指数较低（图 10-9）。

二、海域开发适宜性评价

宁波市海域建设空间适宜区主要分布在镇海区、北仑区。镇海主要是工业用海；北仑主要是港口交通用海。宁波市海域建设空间适宜区还包括象山港区、石浦港区、杭州湾南岸工业园区、三目湾产业园区。宁波市海域建设空间一般适宜区包括余姚、慈溪北部和东部部分区域、象山县东部海域。杭州湾南岸滩涂区域、象山湾海洋牧场及生态保护区、三门湾滩涂及海洋牧场、象山县东部生态红线区建设用海适宜性指数最小（图 10-10）。

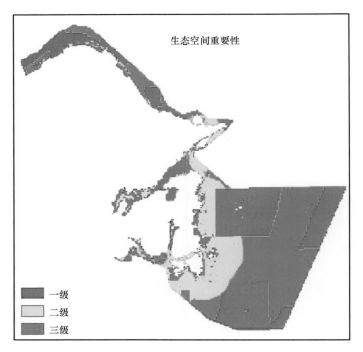

图 10-9　海域生态空间重要性评价结果

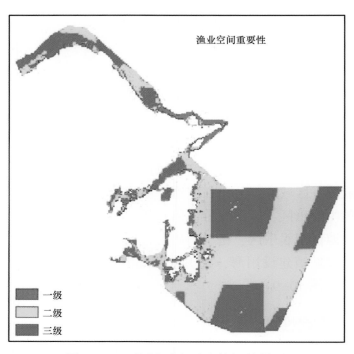

图 10-10　海域开发适宜性评价结果

三、海域渔业重要性评价

宁波市海域渔业用海适宜区主要分布在象山港、石浦港、宁海县及杭州湾东侧。这些区域临近渔港，属于滩涂或者浅海，避风条件好，交通通达度好，适宜渔业养殖。另外象山东侧韭山列岛海洋牧场、渔山列岛海洋牧场及杭州湾东部海洋牧场也都是重要的渔业用海区。杭州湾南岸、象山湾底、三门湾、象山县东部大部分海域属于较适宜区；杭州湾南岸、象山湾底及三门湾区由于滩涂淤积也较适宜于养殖用海；象山县东部海域水质较好，海洋生物多样性好，具有很高的渔业经济价值。镇海、北仑、余姚、慈溪部分区域以建设开发为主，奉化、鄞州、宁海及象山县东部的部分沿海区域或因水质较差或位于生态保护区、生态红线区，渔业用海重要性指数也较小（图10-11）。

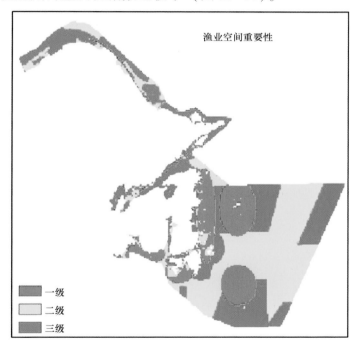

图10-11　海域渔业重要性评价结果

第四节　宁波市海岸带适宜性评价结果陆海衔接

宁波市海岸带适宜性评价结果陆海衔接，包括海岸带生态空间重要性评价结果陆海衔接；海岸带开发适宜性评价结果陆海衔接；海岸带农渔业空间重要性评价结果陆海衔接。

一、海岸带生态空间重要性评价结果陆海衔接

从宁波市海岸带陆域和海域生态空间重要性分析（图10-12），余姚小曹娥镇，慈溪

庵东镇、北仑梅山街道、春晓街道、鄞州瞻岐镇、咸祥镇、奉化松岙镇、莼湖镇，宁海西店镇、大佳何镇、一市镇、越西镇、长街镇，象山西周镇、涂茨镇、东陈乡、石浦镇、鹤浦镇、高唐岛乡陆域和海域生态重要性基本一致。象山爵溪街道、丹东街道陆域为沿海滩涂，海域为旅游风景辐射区，海陆生态重要性基本相似。镇海蛟川街道、招宝山街道对应海域为海洋保护区，对应陆域以农业生产（基本农田）为主，二者功能定位稍有差异。

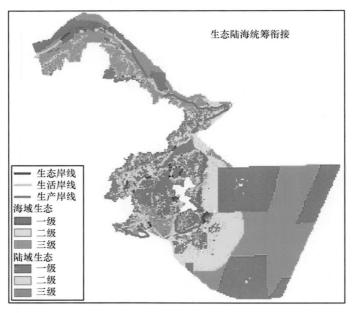

图 10-12　海陆生态空间重要性衔接

对比宁波市海岸线"三生空间"和宁波市海岸带生态空间（图 10-12），宁波市海岸带生态重要区主要分布在象山港、三门湾，二者分布一致。慈溪市新浦镇、附海镇，镇海区澥浦镇岸线为生活岸线，海域为重要滨海湿地（生态重要区），环境优良、适宜公众农业生活、亲海活动，二者基本一致。杭州湾南岸庵东镇生态岸线为生产岸线，其海域因泥沙淤积为重要滩涂资源（生态重要区），因历史上该区域就有围堰成陆传统，并且该岸段规划为城镇新区及高新产业集聚区，该岸段对应的海岸带滩涂资源在淤积成陆以后，可根据规划用于生产活动，但应考虑设置岸线缓冲带，保护滩涂及滨海湿地资源。

二、海岸带开发适宜性评价结果陆海衔接

从宁波市海岸带陆域城镇空间和海域建设空间适宜性评价分析来看（图 10-13），余姚市小曹娥镇、慈溪庵东镇、龙山镇；镇海区招宝山街道、戚家山街道、新碶街道；北仑区霞浦街道、柴桥街道、大榭开发区、白峰镇、梅山街道；奉化区莼湖镇；宁海县西店镇；象山县贤庠镇、涂茨镇、高唐岛乡既是陆域城镇开发区也是海域建设开发区。镇海区澥浦

镇、蛟川街道陆域以城镇工业为主，对应的海域为海洋保护区。鄞州区瞻岐镇、咸祥镇，奉化区松岙镇以城镇旅游为主，对应海域为海洋保护区。

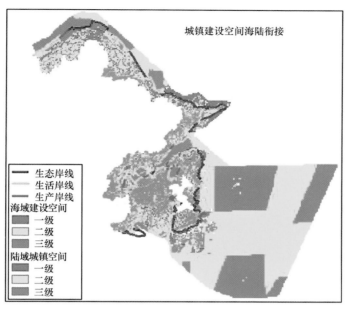

图 10-13　城镇建设空间海陆衔接

对比宁波市海岸线"三生空间"和宁波市海岸带城镇建设空间（图 10-13），生产岸段主要在杭州湾滨海新城、慈东滨海新区、镇海化工区、北仑及象山南部港口区、象山东部产业园区。宁波市海岸带城镇建设区在杭州湾新区、慈东龙山镇、镇海、北仑、象山涂茨镇、石浦镇与生产岸段一致。象山东部爵溪街道、东陈乡位于松兰山风景区和石浦休闲娱乐区的辐射缓冲区，对应海域又是象山重要的渔场资源恢复区，所以海岸带城镇建设空间将其划为一般适宜区，未来可考虑利用该区域港口资源和水深优势发展扩大航运规模。

三、海岸带农渔业空间重要性评价结果陆海衔接

从宁波市陆域农业空间和海域渔业空间重要性分析（图 10-14），余姚市小曹娥镇、黄家埠镇、临山镇、泗门镇，慈溪市长河镇、庵东镇农业为示范基本农田，对应海域因杭州湾淤涨严重，加上水质较差，不利于渔业生产。慈溪市新浦镇、附海镇、观海卫镇、掌起镇也为宁波市重要的基本农田区，对应的海域为杭州湾海洋牧场，陆域农业生产和海域渔业生产定位相符。象山湾两侧乡镇中，鄞州区瞻岐镇、咸祥镇、奉化区松岙镇、裘村镇、莼湖镇、宁海县强蛟镇、大佳何镇、象山县贤庠镇农业生产以水田为主，而象山湾海域为海洋生态红线区，湾内有马鲛鱼保护区，象山湾海洋牧场示范区，湾内陆域农渔业定位基本相符。象山县东部涂茨镇、爵溪街道、丹东街道、东陈乡、石浦镇多为山区，以旅游娱乐为主，农业资源有限，该区域对应海域为象山重要的渔业资源恢复区。三门湾海域，宁

海县力洋镇、长街镇、象山县高塘岛乡多滩涂，农业生产以水田为主，对应海域以围海养殖为主，陆域农业生产和海域渔业生产功能一致。

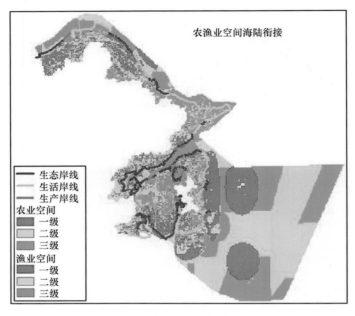

图 10-14   农渔业空间海陆衔接

对比宁波市海岸线"三生空间"和宁波市海岸带农渔业空间（图 10-14），生活岸段农业活动主要分布在杭州湾南岸的旱地及象山湾和三门湾的水田，生活岸段渔业活动主要分布在象山湾及象山东部丹东街道和石浦镇岸段。海岸带农渔业空间与生活岸段农渔业空间基本保持一致。

第十一章　宁波市海岸带资源环境承载力评价

第一节　宁波市海岸带陆地资源环境承载力评价

参考 2016 年国家发改委等 13 部委联合下发的资源环境承载能力监测预警技术方法（试行），分析相关政府公报和文献资料，开展陆域水资源、土地资源、水环境承载能力的评价。考虑到资源环境承载能力的宏观属性，首先对约束区域发展的全市水资源承载能力、环境承载能力、土地承载能力、海洋资源环境承载能力进行评价，并集中于沿海乡镇重点开展土地开发现状、开发潜力及承载能力评价。

一、水资源承载能力

1. 水资源基本情况

宁波地区 2017 年降雨量为 1 596.0 mm，比多年均值多 5.2%，水资源量 76.86×10⁸ m³，全市大中型水库年末蓄水量 7.284×10⁸ m³。向市区供水的五座大型水库水质均为一类和二类，全市水功能区达标率 74%，比 2016 年提高 4%。

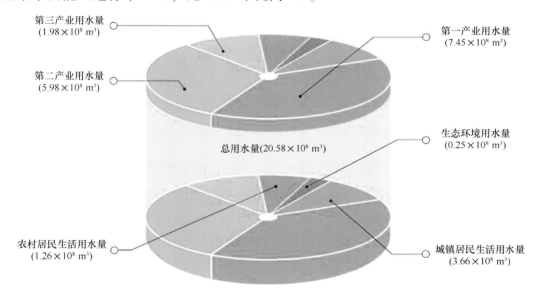

第三产业用水量
(1.98×10⁸ m³)

第一产业用水量
(7.45×10⁸ m³)

第二产业用水量
(5.98×10⁸ m³)

总用水量(20.58×10⁸ m³)

生态环境用水量
(0.25×10⁸ m³)

农村居民生活用水量
(1.26×10⁸ m³)

城镇居民生活用水量
(3.66×10⁸ m³)

图 11-1　宁波市用水量结构示意图①

---

① 宁波市水利局《2017 年宁波市水资源公报》。

根据公报显示，2017 年，宁波市从市外引水 0.77×10^8 m^3，还向舟山供水 0.37×10^8 m^3。2017 年宁波市气候状况总体平稳，饮用水水质继续向好。从数据分析，2017 年，全市总用水量为 20.58×10^8 m^3，2010 年以来年均增长 1.1%。通过推进水资源的节约和循环利用，实施节水型社会建设，2017 年全市节约水资源量超过 1.15×10^8 m^3。2017 年，全市万元 GDP（当年价）用水量 21 m^3，较 2010 年下降 42%；万元工业增加值（当年价）用水量 12.6 m^3，较 2010 年下降 32%，已经达到省水资源管理"十三五"期末考核的水效目标，用水效率继续领先全国和全省水平（图 11-1）。

宁波市市外引水工程——与新昌合作建设的钦寸水库工程于 2017 年 3 月下闸蓄水投入试运行，水库正常蓄水后，每年具备向宁波市提供 1.26×10^8 m^3 的优质水资源能力。总长 41 km，联通钦寸、亭下、溪下等 5 座水库的宁波市水库群联网联调（西线）工程输水隧洞实现全线贯通。为杭州湾新区和慈溪市提供水资源保障的宁波至杭州湾引水工程、恢复利用横溪水库水资源的横溪水库至东钱湖水厂引水工程实现开工建设。

2. 水资源承载状况分析

水资源承载状况主要受水资源供给、水资源消耗水平、外界输入输出、年际变化等多种因素影响。宁波虽然降雨丰沛，却因为流域水系自成体系、过境水量少，以及人口稠密等因素，导致人均水资源占有量小。宁波平均降水量 1 517 mm，水资源总量 75.3×10^8 m^3，人均水资源占有量 990 m^3（按常住人口计算），仅为浙江省平均水平的 57%，全国平均水平的 48%。随着人口的增加和产业的发展，宁波用水总量缓慢增长，但节约用水成效显著。整体而言，宁波水资源一般情况下可以自给自足，但由于年内、年际分配不均，地区分布不平衡，加上部分水体受到污染，遇干旱年份，部分地区会出现严重的供需矛盾，整体上处于临界超载水平（图 11-2）。

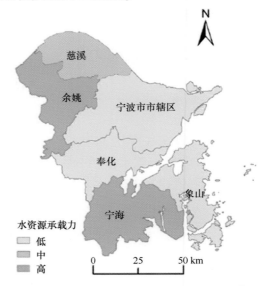

图 11-2 宁波市水资源承载力分布[1]

从空间上看，宁波水资源承载力总体上呈现西高东低的态势，随着节水工程的开展和外来引水工程的建设和投入使用，承载能力会逐步增强，可以抵消因经济发展和人口增加带来的承载压力。需要重点保障杭州湾新区、梅山岛等沿海城市化地区的新增供水需求。

二、生态环境承载能力

根据《2017 年宁波市环境状况公报》，2017 年宁波市生态环境质量继续保持较好水平，生态环境状况指数（EI）为 80.7，等级为优（EI≥75），在浙江省 11 个设区市中排名第 5，

① 吴艳娟，城市地区资源环境承载力研究——以宁波市为例，2016，博士学位论文，中国科学院地理科学与资源研究所。

与 2016 年相比，EI 指数增加 1.2，排名上升 1 位。宁海、象山、奉化、海曙、余姚、北仑、鄞州生态环境状况级别为优；慈溪、镇海、江北生态环境状况级别为良（图 11-3）。

图 11-3　2017 年宁波市生态环境质量状况①

　　2017 年宁波市饮用水源水质良好，全市重点监测集中式饮用水源地 34 个，水质达标率 100%，比 2016 年提高 2.9 个百分点。2017 年地表水水质持续改善，水质优良率和功能达标率均有提升，劣五类断面全面消除。地表水 80 个市控监测断面中，水质优良率 71.3%，比 2016 年提高 22.5 个百分点；功能区达标率 80.0%，比 2016 年提高 11.2 个百分点。国家"水十条"地表水流域考核断面优良率 90%，入海河流考核断面（四灶浦闸）达到考核目标要求。

　　2017 年，宁波市环境空气质量继续稳中趋好，$PM_{2.5}$、PM_{10}、二氧化硫、二氧化氮等主要污染物浓度呈持续下降趋势，灰霾日比例下降，酸雨污染程度略有减轻，酸雨率持续下降，全市消除重酸雨区，但是复合污染趋势仍然明显，PM2.5 浓度超出国家二级标准，臭氧浓度同比上升。环境空气质量按综合指数计算在全国 74 个重点城市中排名第 17 位，比 2016 年上升 2 位；在浙江省 11 个地市排名第 4 位，比 2016 年上升 1 位。2017 年全市平均酸雨发生频率 64.6%，比 2016 年下降 6 个百分点。镇海酸雨频率最高，为 100%；鄞州酸雨频率最低，为 38.0%。与 2016 年相比，宁海、慈溪和鄞州酸雨频率略有上升，其他县（市）区酸雨频率均有所下降。

---

　　① 宁波市环保局《2017 年宁波市环境状况公报》。

综合来看，市环境质量总体得到改善，生态环境质量持续为优，主要水源地水质良好，地表水水质有所改善，劣五类水质全面消除，环境空气质量呈稳中向好态势，总体处于可载状态。部分区域，包括平原河网如鄞东河网、镇海河网、余姚河网、慈溪河网和奉化入海河流水质为轻度污染，尚处于轻度超载状态，需要重点治理。

三、土地资源承载力

根据 2014 年公布的宁波市第二次土地调查结果，2009 年全市主要土地类数据为——耕地：222 780.13 hm²（334.2 万亩）；园地：46 367.43 hm²（69.6 万亩）；林地：371 960.74 hm²（557.9 万亩）；草地：8 423.42 hm²（12.6 万亩）；城镇村及工矿用地：136 198.14 hm²（204.3 万亩）。交通运输用地：27 625.07 hm²（41.4 万亩）；水域及水利设施用地：147 386.78 hm²（221.1 万亩）；其他土地：10 723.38 hm²（16.1 万亩）。

2009 年年末全市耕地面积比 1996 年第一次调查时净减少 49.6 万亩。人均耕地从 1996 年第一次调查时的 0.72 亩下降到 0.59 亩，远低于同期全国人均耕地 1.52 亩的平均水平，也低于联合国粮农组织确定的人均耕地 0.795 亩的警戒线。综合考虑现有耕地数量、质量和人口增长、发展用地需求等因素，全市耕地保护形势仍十分严峻。根据宁波市第三次农业普查结果，2016 年年末，宁波市耕地面积进一步减少为 217 400 hm²。因此，必须毫不动摇地坚持耕地保护制度和节约用地制度，在严格控制增量土地的同时，进一步加大盘活存量土地的力度。

通过对宁波市耕地保有量历史趋势及《宁波市土地利用总体规划（2006—2020 年）》的分析，宁波市未来耕地保有量将会继续减少，耕地资源承载力超载加剧。1979—1999 年，宁波市耕地可承载人口数量保持在 400 万~560 万人水平，承载力虽然波动起伏，但整体现实人口数量未超过耕地资源人口承载力，以粮食盈余为主要特征；2000 年以来，随着宁波市粮食产量不断下滑，耕地资源的人口承载能力也呈下降趋势，耕地人口承载能力保持在 200 万~300 万人水平，土地资源以超载为主要特征；2007 年，宁波市的土地资源超载率达 88.22%，呈现严重超载水平；到 2012 年宁波市可承载人口 227.82 万人，与实际人口进行核算，其自给率为 62.20%。近 10 年来看，宁波市耕地总量由 235 200×10⁴ hm² 降至 219 500×10⁴ hm²；2002—2012 年间，宁波市粮食播种面积逐年下降，单产逐年上升，粮食产量整体以下降为主（图 11-4）。

地形条件是制约城市国土空间开发建设适宜程度的重要因素之一。根据《城市用地竖向规划规范（CJJ 83—99）》坡度分级（中华人民共和国建设部，1999），坡度低于 15°可用于建设用地的国土空间，15°~25°之间为经过改造可用于建设的区域。城市国土空间开发建设要避免在灾害风险区布局，将地质灾害易发程度纳入城市国土空间开发建设适宜程度约束本底条件，其易发程度的不易发区、低易发区、中易发区与高易发区，即为城市开发建设的比较适宜、一般适宜、临界适宜与不适宜。

本项目组根据遥感影像及统计资料，得到当前采矿用地、城镇用地、风景名胜设施用地、港口码头用地、公路用地、管道运输用地、河流水面、坑塘水面、林地、农村道路、农村居民点用地、农田水利用地、其他独立建设用地、设施农用地、示范区基本农田、水工建筑用地、水库水面、滩涂、特殊用地、铁路用地，以及允许建设区、有条件建设区、限制建设区和禁止建设区的分布及统计结果，计算得到宁波市海岸带区域土地资源的开发现状、开发潜力和承载力空间分布情况，如图 11-5 所示。

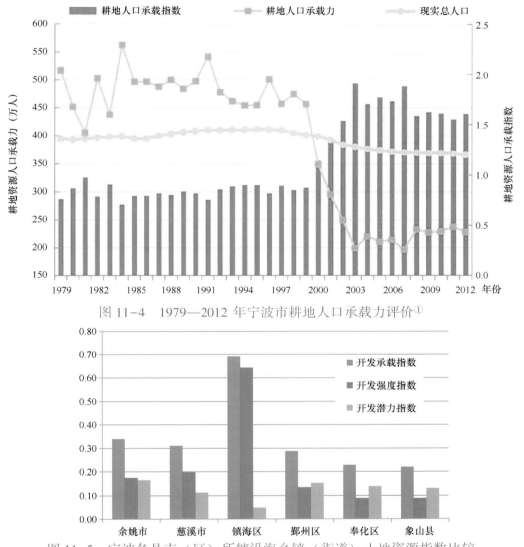

图 11-4　1979—2012 年宁波市耕地人口承载力评价①

图 11-5　宁波各县市（区）所辖沿海乡镇（街道）土地资源指数比较

宁波沿海县市乡镇（街道）土地资源开发承载、强度及潜力指数比较，镇海区的开发承载力最高，同时开发强度也是最高的，今后的开发潜力相对最低；象山县土地开发承载力最低，但是开发强度也很低，开发潜力处于中游水平；杭州湾南岸的余姚、象山港北岸的鄞州和奉化区所辖的沿海乡镇开发潜力都比较大；慈溪的开发承载力位列第 3，开发强度位列第 2，潜力低于象山县，位列第 5，但是所辖的庵东街道（杭州湾新区）开发潜力较大。宁波市未来开发潜力较大的地区主要位于北部余姚市与慈溪市沿海乡镇、中部鄞州区与奉化区及南部宁海县与象山县（图 11-6）。

---

① 吴艳娟，城市地区资源环境承载力研究——以宁波市为例，2016，博士学位论文，中国科学院地理科学与资源研究所。

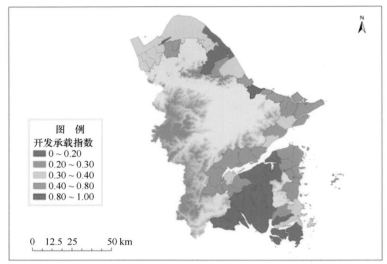

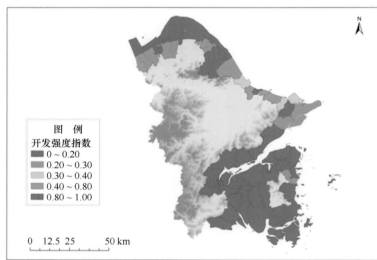

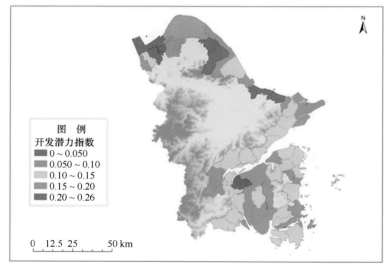

图 11-6　宁波市沿海乡镇（街道）土地资源开发承载指数、
开发强度指数及开发潜力指数空间分布

第二节　宁波市海洋资源环境承载力评价

海洋资源环境承载能力评价主要采用《海洋资源环境承载能力监测预警技术指南》（草案），评价所用数据资料主要从历年海洋生态环境监测和保护管理、海域使用管理、海洋渔业管理、区域社会经济统计、海洋经济统计、遥感及文献资料中获取。具体情况见表11-1。

表11-1　评价主要数据来源

指标分类	指标	数据来源	年份
海洋空间资源	海岸线承载力指数	LANDSAT-8、HJ-1A/1B、SPOT-5/6、GF-1/2、ZY-3、海洋功能区划数据、海域使用确权数据，海洋功能区划数据	2007，2016
	海域空间开发承载力指数		
海洋生态环境	海洋环境承载指数	海洋业务化监测数据、第一次全国污染普查资料、中国环境统计年鉴	2006—2017
	海洋生态承载指数	海洋业务化监测数据、环境减灾卫星数据、Landsat TM卫星数据、中巴资源卫星数据卫星遥感数据	1990，2005—2016
海岛资源环境	无居民海岛开发强度	2005年卫星遥感影像和航空遥感影像，高分1号和资源3号卫星遥感影像	2007，2016
	无居民海岛生态状况		

一、海洋空间资源承载能力

1. 海岸线承载力指数

根据各种海岸线开发利用类型对海岸资源环境影响程度的差异，采用加权求和的方法计算海岸线人工化指数。依据2012年国务院批复的《浙江省海洋功能区划（2011—2020年）》，各类海洋功能区面积及分布情况如表11-2所示。根据海洋功能区划，宁波海域主要功能定位包括农渔业、海洋保护区、保留区、工业与城镇建设、港口航运区、休闲娱乐区和特殊利用区七种类型，分别占到近岸海域总面积的47.3%、19.5%、18.8%、5.5%、4.0%、3.6%和1.3%。

表 11-2 宁波市海洋功能区划类型及面积（km²）

评价单元	港口航运区	工业与城镇区	矿产与能源区	农渔业区	旅游休闲娱乐区	特殊利用区	海洋保护区	保留区
慈溪市	0.0	265.1	0.0	255.7	225.8	0.1	1 270.3	83.5
镇海区	13.3	49.6	0.0	0.6	17.0	98.0	0.0	0.0
北仑区	181.6	10.8	0.0	10.2	17.0	0.0	0.0	0.0
鄞州区	1.2	9.2	0.0	43.6	0.0	0.0	2.2	0.0
奉化区	8.9	0.0	0.0	42.8	14.2	0.0	0.0	0.0
宁海县	5.7	23.8	0.0	229.2	0.0	0.0	63.9	0.0
象山县	94.0	63.6	0.0	3 025.5	2.7	0.0	151.5	1 351.6
总体	304.7	422.1	0	3 607.6	276.7	98.1	1 487.9	1 435.1

分析计算宁波市海洋功能区划毗邻海岸线功能类型见表 11-3。按照海岸线人工化指数计算方法，得到宁波海岸线人工化指数（P_A）。镇海区海岸线人工化指数最高达到 0.75。象山县最低仅为 0.22。依据海岸线承载力指数（R_1）计算和评价方法，宁波海岸线承载力指数评价结果见表 11-4 和图 11-7。

表 11-3 宁波市海洋功能区毗邻的管理岸线长度（km）

评价单元	港口航运区	工业与城镇区	矿产与能源区	农渔业区	旅游休闲娱乐区	特殊利用区	海洋保护区	保留区
慈溪市	0.0	70.9	0.0	60.4	0.0	0.0	10.8	20.1
镇海区	8.4	19.9	0.0	0.0	0.0	0.0	0.0	0.0
北仑区	74.5	0.0	0.0	0.0	15.2	0.0	0.0	0.0
鄞州区	1.7	6.9	0.0	13.3	0.0	0.0	0.0	0.0
奉化区	9.2	0.0	0.0	25.7	14.6	0.0	0.0	0.0
宁海县	4.7	3.6	0.0	153.5	14.6	0.0	0.0	0.0
象山县	28.7	63.9	0.0	149.8	49.9	0.0	16.5	0.0

表 11-4 宁波市海域岸线承载力指数监测评价结果

评价单元	海岸线人工化指数（P_A）	评价标准（P_{c0}）	海岸线承载力指数（R_1）	评价结果	赋值
慈溪市	0.42	0.41	1.02	临界	2
镇海区	0.75	0.66	1.13	较高	1
北仑区	0.27	0.72	0.37	适宜	3
鄞州区	0.46	0.49	0.93	临界	2
奉化区	0.46	0.44	1.03	临界	2
宁海县	0.34	0.41	0.83	适宜	3
象山县	0.22	0.44	0.5	适宜	3

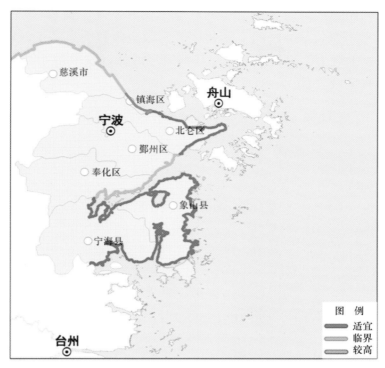

图 11-7　宁波市海岸线承载力等级分布

2. 海域开发承载力指数

根据各种用海方式对海域资源的耗用程度和对其他用海的排他性强度差异，采用加权求和的方法计算海域开发资源效应指数。宁波市海域开发利用总面积为 7 610 hm²。各县市海域开发利用情况见表 11-5，开发利用方式主要有港池、透水构筑物、填海造地、围海养殖等，分别占到开发利用总面积的 34.7%、27.1%、18.5%、12.2%。海域开发利用存在明显的空间差异，慈溪主要是填海造地用海；北仑主要是港池、码头用海；宁海和象山主要是透水构筑物和围海养殖用海。

表 11-5　宁波市海域开发利用情况[①]

评价单元	填海造地	旅游娱乐	透水构筑物	围海养殖	开放式用海	港池、蓄水池	海底电缆管道	专用航道
慈溪市	7.5	0.0	0.0	0.0	0.0	0.7	0.2	0.0
镇海区	0.4	0.0	0.0	0.0	0.0	0.0	0.6	0.0
北仑区	2.7	0.0	6.2	0.0	0.0	19.4	3.1	0.0
鄞州区	0.7	0.0	0.0	0.0	0.2	0.0	0.0	0.0
奉化区	1.9	0.0	1.9	0.0	0.0	0.9	0.0	0.0
宁海县	0.3	0.0	4.6	3.1	1.4	0.9	0.0	0.0
象山县	0.6	0.0	7.9	6.2	0.0	4.5	0.2	0.0

---

① 表中各列数据为海域使用类型在各区域分布的面积百分比。

按照海域开发利用强度评价方法，得到近岸海域开发效应指数（P_E）、海域开发承载力指数（R_2）及承载等级（表 11-6）。奉化区开发效应指数明显高于区域平均水平，达到 0.13，属于海域开发承载力临界超载区域。其他区域海域开发效应指数均小于 0.10，属于海域开发承载力适宜区域（图 11-8）。

表 11-6　宁波市海域开发承载力指数监测评价结果

评价单元	海域开发效应指数（P_E）	评价标准（P_{MO}）	海域开发承载力指数（R_2）	评价结果	赋值
慈溪市	0.061	0.499	0.123	适宜	3
镇海区	0.017	0.487	0.035	适宜	3
北仑区	0.086	0.684	0.126	适宜	3
鄞州区	0.071	0.602	0.118	适宜	3
奉化区	0.13	0.611	0.214	临界	2
宁海县	0.037	0.602	0.061	适宜	3
象山县	0.003	0.382	0.008	适宜	3

图 11-8　宁波市海域开发承载力等级分布

二、海洋生态环境承载能力

1. 海洋环境承载能力

根据近岸海域水质监测与调查结果，依据海洋功能区水质要求以及海水水质标准，计算各类海水水质等级的海域面积；通过统计评价符合海洋功能区水质要求的面积占海域总面积的比重（E_1），来反映海洋环境承载状况。

评价区域功能区水质要求如图 11-9 所示，水质达标情况如图 11-10 所示。采用 2016 年和 2017 年海洋环境监测数据，评价宁波海域春季、夏季、秋季的海水综合水质等级，并计算不同水质等级的海域面积和各类海洋功能区水质达标率，结果如表 11-7 所示。

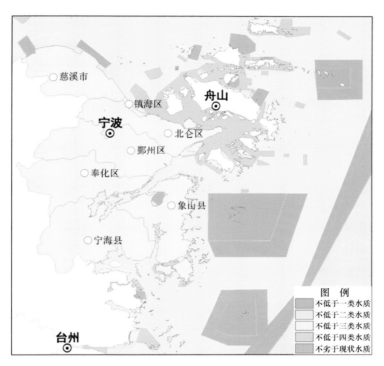

图 11-9　宁波市海洋功能区水质要求

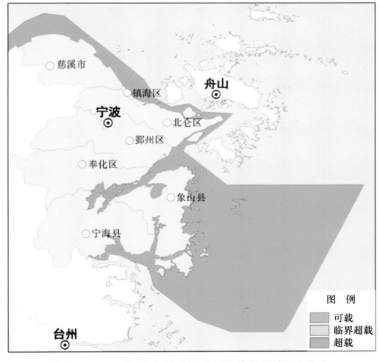

图 11-10　宁波市海洋环境承载状况等级分布

表 11-7 宁波市各评价单元海洋功能区水质达标率

年度	评价单元	春季	夏季	秋季	平均
2016	慈溪市	0.0	0.0	0.0	0.0
	镇海区	0.0	0.0	0.0	0.0
	北仑区	0.0	0.0	0.0	0.0
	鄞州区	0.0	0.0	0.0	0.0
	奉化区	0.0	0.0	0.0	0.0
	宁海县	0.0	0.0	0.0	0.0
	象山县	21.7	44.9	30.7	32.5
2017	慈溪市	0.0	0.0	0.0	0.0
	镇海区	0.0	0.0	0.0	0.0
	北仑区	0.0	0.0	0.0	0.0
	鄞州区	0.0	0.0	0.0	0.0
	奉化区	0.0	0.0	0.0	0.0
	宁海县	0.0	0.0	0.0	0.0
	象山县	30.4	20.2	42.3	31.0

在此基础上，评价宁波市海域的海洋环境承载状况，结果表明：2016 年、2017 年，宁波市海洋环境超载的比例达 100%。主要是营养盐要素浓度超标。

2. 海洋生态承载能力

海洋生态承载力指数（E_2）由浮游植物指数（E_{2-1}）、浮游动物指数（E_{2-2}）和大型底栖生物指数（E_{2-3}）的单指标评价结果加权平均计算。通过对近十年来杭州湾生态监控区的监测，宁波市近岸海域的海洋生态承载状况处于临界超载。主要表现为大型底栖生物的生物多样性指数下降幅度较大。评价结果如表 11-8 所示。

表 11-8 杭州湾生态监控区海洋生态承载状况

评价类别	浮游植物			浮游动物			大型底栖生物		
	物种数（种）	数量（个细胞/m³）	多样性指数	物种数（种）	数量（个/m³）	多样性指数	物种数（种）	数量（个/m²）	多样性指数
2016 年	32	76×10⁴	1.64	52	99	1.72	11	8.4	0.25
多年平均	51	67.8×10⁴	1.8	41	407	1.73	15	14.1	0.82
变化率（%）	37.3	12.1	8.3	26.1	75.7	0.3	26.7	40.2	69.5
平均变化率	19.2%			34.0%			45.5%		
承载状况	基本稳定			出现波动			出现波动		
	临界超载								

三、承载类型划分

根据"短板效应"集成，指标中任意 1 个超载，确定为承载类型；任意 1 个临界超载，确定为临界超载；其余为不承载类型。宁波市海洋资源环境承载能力综合集成评价结果如表 11-9 所示。对策建议如表 11-10 所示。

表 11-9　宁波市各县市海洋资源环境承载状况

评价单元	基础评价				
	岸线	空间	渔业资源	海水环境	生态
慈溪市	临界	适宜	可载	超载	临界
镇海区	较高	适宜	可载	超载	临界
北仑区	适宜	适宜	可载	超载	临界
鄞州区	临界	适宜	可载	超载	临界
奉化区	临界	临界	可载	超载	临界
宁海县	适宜	适宜	可载	超载	临界
象山县	适宜	适宜	可载	超载	临界

表 11-10　宁波市各县市（区）超载因子及对策建议

评价单元	承载类型	超载因子	临界因子	对策建议
慈溪市	超载	海水环境	岸线、生态	重点加强污染控制，控制岸线开发强度，关注大型底栖生物多样性指数下降状况
镇海区	超载	岸线、海水环境	生态	严格控制岸线开发强度，重点加强污染控制，关注大型底栖生物多样性指数下降状况
北仑区	超载	海水环境	无居民海岛开发强度、生态	重点加强污染控制，控制无居民海岛开发强度，关注大型底栖生物多样性指数下降状况
鄞州区	超载	海水环境	岸线、生态、无居民海岛生态状况	重点加强污染控制，控制岸线开发强度，关注大型底栖生物多样性指数下降状况，开展无居民海岛生态修复
奉化区	超载	海水环境	岸线、海域、生态	重点加强污染控制，控制岸线和海域开发强度，关注大型底栖生物多样性指数下降状况
宁海县	超载	海水环境	生态	重点加强污染控制，关注大型底栖生物多样性指数下降状况
象山县	超载	海水环境	生态	重点加强污染控制，关注大型底栖生物多样性指数下降状况

第三节　宁波市海岸带资源环境承载力评价结果陆海衔接

宁波市陆海资源环境承载能力存在较大差异，主要表现为：①陆地土地资源处于超载状态，而海域空间资源相对充裕，因此在部分区域通过合理、合法、合规，在国家政策允许的情况下，利用淤泥质高涂围填海造地的方式解决城市化过程中的土地资源瓶颈是可行的；②陆地生态环境承载状况相对较好，整体要优于近岸海域情况，近岸海域环境受过量营养盐输入影响普遍超载，从海岸带环境承载力角度而言，需要以海定陆，根据海域环境容量来实行总量控制减少污染。

宁波市海岸带地区的环境资源承载压力较大，综合表现为：

（1）耕地资源超载，耕地占补平衡压力大；

（2）市辖区建设规模临界超载，未来应以空间利用的格局优化和提质增效为主；

（3）岸线资源处于临界超载状态，原则上禁止围填海，严格保护现有的自然海岸线，同时通过海岸线生态修复，恢复部分海岸线的生态功能；

（4）滨海新城区水资源约束趋紧，陆海生态用水需要得到保障。

宁波市海岸带地区的生态环境承载状况总体表现出如下特征：

（1）陆域生态本底良好，海洋生态全域处于临界超载状态；

（2）陆域和海域的水环境超载形势严峻，陆海统筹的污染防治压力大；

（3）陆域部分城区空气质量较差，滨海新城区建设要做好大气污染防治规划。

第十二章　宁波市海岸带陆海统筹基础空间格局构建

第一节　宁波市海岸带陆海统筹总体发展定位

宁波市作为长三角地区重要的对外门户、通商口岸和交通枢纽，其作用的发挥主要依托于海洋。《宁波市土地利用总体规划（2006—2020 年）》《宁波市城市总体规划（2006—2020 年）》《宁波市 2049 年城市发展战略（征求意见稿）》等已有战略规划中关于宁波市未来的发展定位均离不开海洋，其中《宁波市土地利用总体规划（2006—2020年）》将宁波市定位为我国东南沿海的重要港口城市、长三角南翼经济中心、国家历史文化名城；《宁波市城市总体规划（2006—2020 年）》将宁波市定位为国际贸易物流港、东北亚航运中心深水枢纽港、华东地区重要的先进制造业基地、长江三角洲南翼重要对外贸易口岸、浙江海洋经济发展示范区核心；《宁波市 2049 年城市发展战略（征求意见稿）》将宁波市定位为具有较强国际影响力的开放世界港城、创新活力智城、宜居文化名城，全球门户城市。《浙江海洋经济发展示范区规划（2011—2020 年）》将宁波市定位为浙江海洋经济发展引领区、上海国际航运中心主要组成部分、我国重要的新型临港产业基地、海洋科教研发基地、海洋生态文明建设先行区；《浙江省大湾区建设行动计划（—2035 年）》将宁波市定位为"一带一路"枢纽城市，全国智能经济创新发展示范区、现代化国际港口名城、高水平生态文明典范城市、高质量绿色产业中心城市、高品质美好生活品牌城市；《长三角地区城市群发展规划（2011—2020 年）》将宁波市定位为全国大型物流中心、国际港口城市、先进制造业基地。综合以上战略规划对宁波市的发展定位，为全球门户城市、国际港口名城"一带一路"枢纽城市、长三角南翼经济中心、浙江海洋经济发展引领区、先进制造业基地、创新活力智城、生态文明典范城市、高品质宜居文化名城。从这些定位中可以看出，海洋在宁波市社会经济发展中具有举足轻重的重要地位和作用。

在国家"一带一路"倡议和"浙江省大湾区大花园大通道大都市区"建设的有利时机下，宁波市应抓紧机遇，转变视角，从已有的陆域为主向陆海统筹策略转变，将宁波市城市定位从港口、口岸城市，向湾区超级枢纽、世界海洋城市迈进。以生态优先为原则，内优外拓，优化"一主两副、三横两纵"的新型城市化格局，加强与浙江省大湾区在港口门户、智能制造、协同发展等方面的紧密协作，拓展"一带一路"和"深海大洋"的双向开放渠道，最终形成"内部优化、湾区协作和双向开放"的陆海统筹新格局（图 12-1）。

内优：沿江滨海临岛拥湾、一主两副三横两纵。

进一步加强陆海统筹，升级"一主两副、三横两纵"新型城市化格局。充分发挥南翼

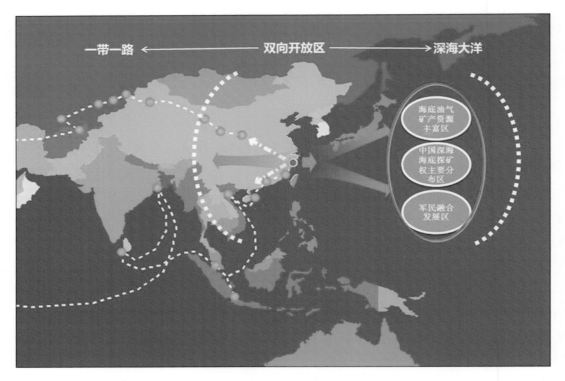

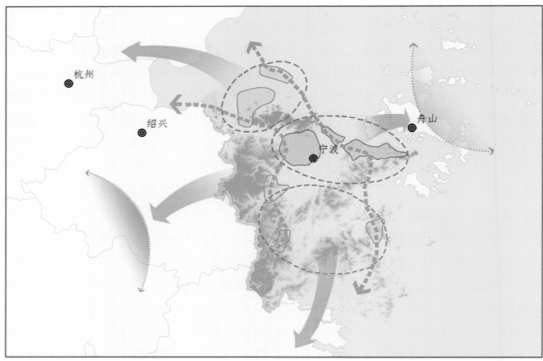

图 12-1　宁波市陆海统筹策略

向海空间拓展和开放发展的巨大潜力和承载能力，创新陆—湾—港—岛—海的协调联动和资源集聚效应。

外拓：甬舟同城杭甬一体、港陆联运双向开放。

充分发挥湾区超级枢纽的对外链接功能，融入大湾区发展，引领海洋经济发展。进一步发挥多级战略交汇区的资源技术集聚效应，力争打造面向海洋、双向开放、具有世界影响力的国家战略平台和区域中心城市，使宁波市成为：

- 东海-太平洋海洋勘探开发规划和科创中心；
- 军民融合海洋开发与管理东海区域中心；
- 国际深远海海工装备先进制造和研发基地；
- 东北亚深远海资源转运和资源利用基地。

规划在象山港湾口部署"双向开放新区"：北岸梅山岛为"一带一路"开放中心；南岸象山港为深海大洋开发中心；中间六横岛为甬舟同城南翼枢纽区（图12-2）。

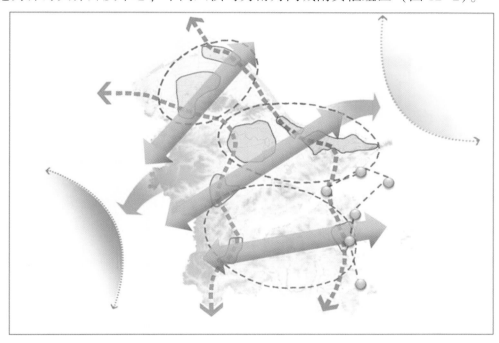

图12-2　宁波市内部优化区

生态连通：陆海一体生态连通、保护湿地修复滩涂。

紧密围绕"五个打通、三个修复"，贯通污染防治与生态保护，增强生态活力和弹性力，打造全域生态安全屏障。其中，五个打通为：打通陆地和海洋；打通岸上和水里；打通城市和农村；打通地上和地下及打通 CO 和 CO_2。三个修复为：修复滩涂湿地；实施人工岸线生态化改造；修复淤积堵塞入海河道。

产业联动：智慧港口、智能制造、先进服务、生态旅游、海洋牧场、深海开发。

进一步发展湾区和港口经济，增强港口物流、临港工业、智能制造、先进服务业等产业优势。通过加强陆海连通、多式联运的交通网络基础设施建设，进一步增强陆海资源优势互补，拓展生态旅游、海洋牧场、远洋渔业、海洋油气矿产资源勘探开发等产业链。

第二节　宁波市海岸带陆海空间初步整合

根据国土空间规划总体试点方案，将全国国土空间划分为生态空间、农渔业空间、城镇空间三大功能类型的总体思路，对宁波市海岸带的陆海功能空间进行初步整合。宁波市海岸带陆海空间基础格局初步整合思路如图 12-3 所示。通过陆海空间初步整合基本实现陆海全域空间的全覆盖不交叉、空间属性与空间用途相对应不重叠不冲突，划入同一分区的各项要素均可适用相同的管制意图。

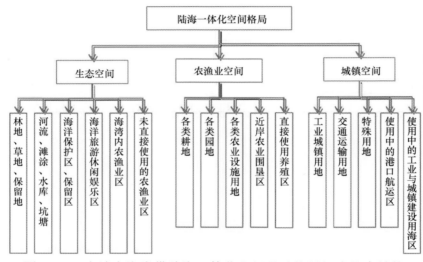

图 12-3　宁波市海岸带陆海一体化空间基础格局初步整合结构

一、宁波市海岸带陆海空间基础格局初步整合

1. 单一主体结构乡镇陆海空间基础格局初步整合

根据宁波市海岸带土地利用现状结构分析结果和海域使用现状结构分析结果，将戚家山街道、新碶街道、霞浦街道、蛟川街道、招宝山街道等强单一工业城镇主体结构乡镇划分为城镇空间；将白峰镇、柴桥街道、大榭开发区、戚家山街道、霞浦街道、新碶街道、招宝山街道等单一港口航运主体结构乡镇海域划分为城镇空间。将大佳何镇、胡陈乡、梅林街道、大徐镇、西周镇等强单一林地主体结构乡镇划分为生态空间；将春晓街道单一旅游休闲娱乐主体结构乡镇海域划分为生态空间。将附海镇、道林镇、沿海滩涂、泗门镇等强单一农田主体结构乡镇划分为农渔业空间；将莼湖镇、茶院乡、力洋镇、桥头胡街道、一市镇、越溪乡、定塘镇、黄避岙乡、泗州头镇、晓塘乡、咸祥镇等单一农渔业主体结构乡镇海域划分为农渔业空间。

2. 二元结构乡镇陆海空间基础格局初步整合

将大榭开发区、霞浦街道、龙山镇、长河镇、周巷镇、丹东街道、黄家埠镇、临山镇、泗门镇、瀣浦镇等含有工业城镇用地的二元结构乡镇中的工业城镇用地划分为城镇空间；将梅山街道、松岙镇、高塘岛乡等含有港口航运区的二元结构乡镇中的港口航运区划分为城镇空间；将梅山街道、龙山镇、西店镇、长街镇、东陈乡、墙头镇、瞻岐镇、小曹娥镇、蛟川街道、瀣浦镇等含有工业与城镇建设用海区的二元结构乡镇海域中的工业与城镇建设用海区划分为城镇空间；将蛟川街道、瀣浦镇含有特殊利用区的二元结构乡镇海域中的特殊利用区划分为城镇空间。将白峰镇、柴桥街道、掌起镇、裘村镇、茶院乡、力洋镇、强蛟镇、桥头胡街道、西店镇、一市镇、越溪乡、丹东街道、定塘镇、东陈乡、高塘岛乡、鹤浦镇、黄避岙乡、爵溪街道、墙头镇、石浦镇、泗州头镇、涂茨镇、贤庠镇、晓塘乡、咸祥镇、瞻岐镇等含有林地的二元结构乡镇中的林地划分为生态空间；将庵东镇、沿海滩涂、强蛟镇、西店镇、越溪乡、东陈乡、墙头镇、石浦镇、涂茨镇、小曹娥镇等含有湿地的二元结构乡镇中的湿地划分为生态空间；将裘村镇、大佳何镇、丹东街道、高塘岛乡等含有旅游休闲娱乐区的二元结构乡镇海域中的旅游休闲娱乐区划分为生态空间；将墙头镇含有保护区的二元结构乡镇海域中的保护区划分为生态空间。将白峰镇、柴桥街道、霞浦街道、观海卫镇、龙山镇、长河镇、掌起镇、周巷镇、裘村镇、茶院乡、胡陈乡、力洋镇、一市镇、长街镇、大徐镇、定塘镇、黄避岙乡、贤庠镇、晓塘乡、咸祥镇、瞻岐镇、黄家埠镇、临山镇、小曹娥镇、瀣浦镇等含有农田的二元结构乡镇中农田划分为农渔业空间；将龙山镇、裘村镇、松岙镇、大佳何镇、西店镇、长街镇、丹东街道、东陈乡、瞻岐镇、小曹娥镇等含有农渔业区的二元乡镇海域中的农渔业区划分为农渔业空间。

3. 三元结构乡镇陆海空间基础格局初步整合

将春晓街道和梅山街道含有工业城镇用地的三元结构乡镇中的工业城镇用地划分为城镇空间；将庵东镇、沿海滩涂、强蛟镇、鹤浦镇、爵溪街道、石浦镇、涂茨镇、西周镇、贤庠镇等含有工业与城镇建设用海区或港口航运区的三元结构乡镇海域中的工业与城镇建设用海区和港口航运区划分为城镇空间。将春晓街道、梅山街道、莼湖镇、高塘岛乡等含有林地或湿地的三元结构乡镇中的林地和湿地划分为生态空间；将庵东镇、沿海滩涂、强蛟镇、鹤浦镇、爵溪街道、石浦镇、西周镇等含有海洋保护区或保留区或旅游休闲娱乐区的三元结构乡镇海域中的海洋保护区、保留区、旅游休闲娱乐区划分为生态空间。将春晓街道、梅山街道、莼湖镇、高塘岛乡等含有农田的三元结构乡镇中的农田划分为农渔业空间；将庵东镇、沿海滩涂、强蛟镇、鹤浦镇、爵溪街道、石浦镇、涂茨镇、西周镇、贤庠镇等含有农渔业区的三元结构乡镇海域中的农渔业区划分为农渔业空间。

二、宁波市海岸带陆海规划重叠区和毗邻区的统筹衔接

按照本书第六章第一节所述的方法与原则统筹衔接宁波市海岸带陆海空间功能，并根据宁波市海岸带的特点统筹优化三类空间功能区。宁波市海岸带陆海空间统筹衔接类型见表 12-1。

表 12-1　宁波市海岸带陆海空间统筹衔接类型

空间类型	陆地	海洋
生态空间	林地、湿地和保留地	保护区、保留区、旅游休闲娱乐区，以及杭州湾、象山港、三门湾内的农渔业区统筹划分为海洋生态空间
农渔业空间	农田	农渔业区中的近岸农业围垦区和具有养殖功能并实际养殖使用的海域
城镇空间	工业城镇用地、交通运输用地、特殊用地	工业与城镇建设用海区

1. 生态空间

将土地利用规划中的林地、湿地和保留地统筹划分为陆地生态空间。将海洋功能区划中的保护区、保留区、旅游休闲娱乐区，以及杭州湾、象山港、三门湾内的农渔业区统筹划分为海洋生态空间。

2. 农渔业空间

将土地利用规划中的农田统筹划分为陆地农渔业空间。对于海洋功能区划中的农渔业区，近岸农业围垦区域统筹划分为海洋农渔业空间。在杭州湾、象山港、三门湾以外的农渔业功能区，具有养殖功能并实际养殖使用的海域，统筹划分为海洋农渔业空间；不具备养殖功能并没有实际养殖的海域，统筹划分为海洋生态空间。

3. 城镇空间

将土地利用规划中的工业城镇用地、交通运输用地、特殊用地统筹划分为陆地城镇空间。对于海洋功能区划中的工业与城镇建设用海区，如果毗邻的陆地为城镇空间，则将该工业与城镇建设用海区统筹为海域城镇空间；如果毗邻的陆地为生态空间或农渔业空间，则将该工业与城镇建设用海区统筹为海洋生态空间。对于海洋功能区划中的港口航运区，如果毗邻的陆地为城镇空间，则将该港口航运区统筹为海域城镇空间；如果毗邻的陆地为生态空间或农渔业空间，则将该港口航运区统筹为海洋生态空间。对于海洋功能区划中的特殊利用区和矿产能源区，根据特殊利用的实际情况、用途及对海洋功能的影响程度，相应地统筹划分为海洋生态空间或海洋城镇空间。

三、宁波市海岸带陆海空间初步划分结果

以"生态优先、陆海协调、现状主导、分区协同、空间完整"为基本原则，在宁波市海岸带陆海空间初步整合、陆海规划重叠区统筹优化、海岸带陆海空间衔接基础上，形成的宁波市海岸带陆海空间初步划分结果如图 12-4 所示。

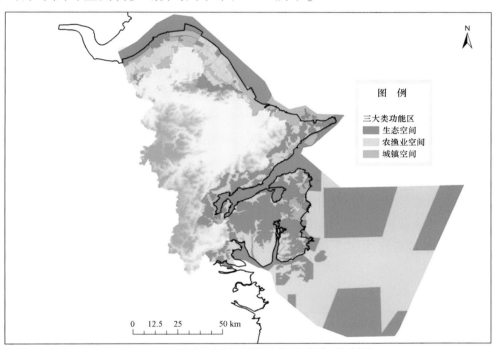

图 12-4　宁波市海岸带陆海空间初步划分

宁波市海岸带陆海空间初步划分的总面积为 1 206 993.00 hm²，其中陆地面积 410 684.05 hm²，占总面积的 34.03%；海域面积 796 308.93 hm²，占总面积的 65.97%。海岸带陆海空间整体划分为生态空间、城镇空间和农渔业空间，其中生态空间面积 607 711.90 hm²，占总面积的 50.35%；城镇空间面积 99 777.68 hm²，占总面积的 8.27%；农渔业空间面积 499 503.41 hm²，占总面积的 41.38%。宁波市海岸带陆海空间初步划分的三大基础功能区面积统计见表 12-2。

表 12-2　宁波市海岸带陆海空间初步划分三大功能区面积比例

功能空间	空间格局	面积（hm²）	比例（%）
生态空间	陆域	188 367.61	15.61
	海域	419 344.30	34.74
城镇空间	陆域	84 462.16	7.00
	海域	15 315.52	1.27
农渔业空间	陆域	137 854.29	11.42
	海域	361 649.12	29.96

第三节 宁波市海岸带陆海基础空间格局优化

以宁波市海岸带陆海空间初步划分结果为基础，通过分区空间适宜性评价明确宁波市海岸带各区的资源优势，通过资源环境承载能力评价诊断海岸带各区的约束性短板，在宁波市海岸带地区划定陆海统筹的"城镇空间、农渔业空间、生态空间"基础功能棋盘，形成陆海空间规划"一张图"。

一、宁波市海岸带陆海统筹基础空间格局优化过程

以宁波市海岸带陆海空间初步划分结果为基础，将宁波市海岸带陆地适宜性评价结果、海岸线适宜性评价结果、海域适宜性评价结果、陆海资源环境承载力评价结果与海岸带陆海空间格局进行空间叠加，根据陆海城镇空间开发适宜性等级，将城镇空间划分为一级适宜区、二级适宜区、三级适宜区。根据陆海农渔业空间重要性评价结果，结合基本农田划分成果、海洋牧场建设规划等相关资料，将农渔业空间划分为基本农田区、一般农田区、基本渔业区、一般渔业区。根据陆海生态重要性评价结果，结合陆海生态红线划分成果，将生态空间划分为生态红线区、一般生态区。宁波市海岸带陆海空间优化具体结构如图12-5所示。

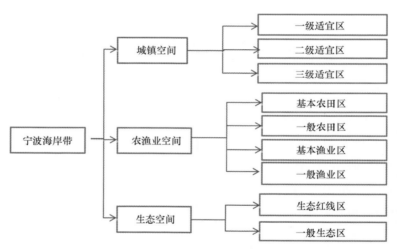

图 12-5 宁波市海岸带陆海空间优化结构

将建设空间适宜性评估结果与城镇空间叠加，将陆地建设空间适宜性指数在0.70以上的陆地城镇空间区域划分为城镇空间一级适宜区；将海域建设空间适宜性指数在0.70以上的海域城镇空间区域划分为城镇空间一级适宜区。将陆地建设空间适宜性指数在0.40~0.70之间的陆地城镇空间区域划分为城镇空间二级适宜区；将海域建设空间适宜性指数在0.40~0.70之间的海域城镇空间区域划分为城镇空间二级适宜区；将陆海建设空间适宜性指数小于0.40，且大于该区域生态重要性指数和农渔业生产重要性指数的陆海城镇空间区

域划分为城镇空间三级适宜区。

　　将生态空间重要性评价结果与生态空间叠加，并结合浙江省生态红线划定方案，将陆地生态重要性指数大于 0.70 的生态空间划分为生态红线区；将海域生态重要性指数大于 0.70 的生态空间划分为生态红线区。将陆地生态重要性指数在 0.40~0.70 之间的生态空间划分为一般生态空区；将海域生态重要性指数在 0.40~0.70 之间的生态空间划分为一般生态空间；将陆海生态重要性指数小于 0.40，且大于该区域城镇建设适宜性指数和农渔业生产重要性指数的区域划分为一般生态区。

　　将农渔业生产重要性评价结果和农渔业空间叠加，并结合宁波市基本农田划分方案，将农业生产重要性指数大于 0.70 的陆地农渔业空间划分为基本农田区；将农业生产重要性指数在 0.40~0.70 之间的陆地农渔业空间划分为一般农田区；将农业生产重要性指数大于 0.70 的海域农渔业空间划分为基本渔业区；将农业生产重要性指数在 0.40~0.70 之间的海域农渔业空间划分为一般渔业区；将农业生产重要性指数小于 0.40，且大于该区域城镇建设适宜性指数和生态重要性指数的陆海农渔业空间划分为一般农田区或一般渔业区。

　　对于本功能区城镇建设适宜性指数或生态/农业重要性指数小于其他两个的城镇建设适宜性指数或生态/农业重要性指数的区域，以城镇建设适宜性指数或生态/农业重要性指数最大者作为该区域空间优化的首选功能类型。

二、宁波市海岸带陆海统筹基础空间格局优化结果

　　经过以上优化的宁波市海岸带陆海空间格局见图 12-6。各类基础空间功能分区中，生态空间总面积 598 400 hm^2；生态红线区面积 363 070 hm^2，占生态空间总面积的 60.67%；一般生态空间面积 235 330 hm^2，占生态空间总面积的 39.33%。农渔业空间总面积 508 815 hm^2；基本农田面积 117 359 hm^2，占农渔业空间总面积的 23.07%；一般农田面积 19 785 hm^2，占农渔业空间总面积的 3.89%；基本渔业区面积 288 243 hm^2，占农渔业空间总面积的 57.71%；一般渔业区面积 83 428 hm^2，占农渔业空间总面积的 16.70%。城镇空间总面积 99 776 hm^2；一级适宜区面积 45 135 hm^2，占城镇空间总面积的 45.24%；二级适宜区面积 46 788 hm^2，占城镇空间总面积的 46.89%；三级适宜区面积 7 853 hm^2，占城镇空间总面积的 7.87%。宁波市海岸带陆海空间格局优化后的各类各级分区面积统计见表 12-3。

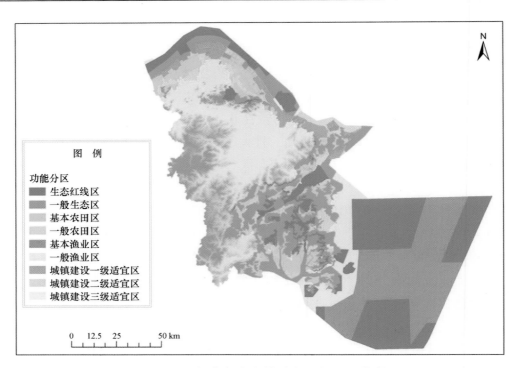

图 12-6 宁波市海岸带陆海空间格局优化

表 12-3 宁波市海岸带陆海空间基础信息统计

基础空间类型		面积（hm²）		比例	
一级类	二级类	分项	小计	分项	小计
生态空间	生态红线区	363 070	598 400	30.08%	49.58%
	一般生态区	235 330		19.50%	
农渔业空间	基本农田区	117 359	508 815	9.72%	42.15%
	一般农田区	19 785		1.64%	
	基本渔业区	288 243		23.88%	
	一般渔业区	83 428		6.91%	
城镇空间	一级适宜区	45 135	99 776	3.74%	8.27%
	二级适宜区	46 788		3.88%	
	三级适宜区	7 853		0.65%	
合计		1 206 991	1 206 991	100%	100%

第四节 宁波市海岸带陆海统筹基础空间格局分析

在强化陆海联络支撑的生态空间格局、优化"沿江滨海临岛拥湾"的城镇空间格局、构建陆海一体的农渔业基础空间格局基础上，统筹宁波市陆海总体空间，形成宁波市陆海统筹基础空间格局如图 12-7 所示。图中，生态格局是宁波市陆海国土空间的本底背景，由山、水、林、湖、海、滩、岛、湾等生态空间组成，是宁波市生态环境保护的基本底环，如图中橙色虚线环所示。在生态本底环内又可以细分为北圈新城郊野公园生态环，以水道和生态绿道相连；中圈城市郊野公园生态环，以水道和生态绿道相连；南圈为山海岛构筑的生态大花园，以滨海绿道、湿地和水系相连。城镇格局为由宁波市主城区向镇海、北仑拓展后再分南北两翼的"丁"字形滨海布局结构，北翼为杭州湾南岸工业城镇空间，南翼为象山大目洋海岸新型城镇产业空间，整体形成面向东海、大洋，南北空间比翼齐飞的城镇空间崛起格局，如图中的红色粗线环所示。农业空间格局是全市经济社会高速发展的物质基础，由北部的余姚-慈溪农业生产圈、中部的城市西区农业生产圈、南部的三门湾农业生产圈和东南海洋渔业生产圈构成，四圈南北贯通，陆海衔接，形成宁波市中部的西北—东南走向农渔业生产带，为全市产业发展提供食品安全保障，如图中的黄色断线环所示。

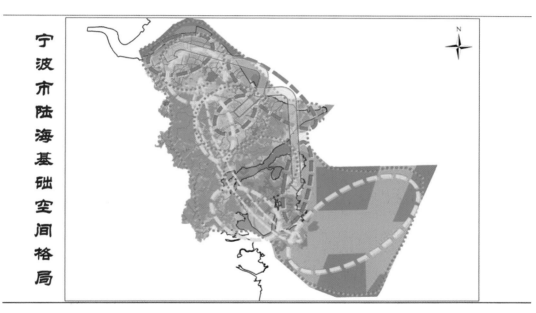

图 12-7　宁波市陆海统筹基础空间格局互动关系示意图

一、强化陆海联络支撑的生态空间格局

依据陆海生态相互影响关系及强度，结合山水林田湖、岸滩涂湾岛等自然生态元素，将陆地与海洋通过自然要素、生态廊道紧密相连，构建陆海生态贯通、联络支撑的全域生态空间网络和安全屏障。充分利用河流水系、郊野公园、城市绿地和生态绿道，以及海域水道、生物迁徙通道等，同时依托滨海交通要道、生态海堤等的建设，打通陆海生态系统的联络血脉，增强全域生态系统的生态活力和生态弹性，构建"内外相通、陆海相连"的全域生态安全屏障。

陆域内环生态屏障由"山水林田湖"构成内部三环，与新型城市化格局相融合。其中，中圈为城市郊野公园体系（都市氧吧、周末休闲），以水道和生态绿道相连；北环建设新城郊野公园体系（都市氧吧、周末休闲），以水道和生态绿道相连；南环构筑山海岛生态大花园，以滨海绿道、湿地和水系相连（滨海旅游度假）（图12-8）。内环之间由河流、海湾生态相连。

图 12-8　宁波市内环生态屏障

海域外环生态屏障由"岸滩涂湾岛"构成，由水道和生态绿道串联所有湿地和林地，形成山海贯通的生态格局。外环同时通过海域水道和生物迁徙通道，与周边岛群以及大东海生态系统的生物迁徙洄游通道等相连（图12-9）。内环与外环之间由水系和绿道生态相连。

内外环之间以河流水系、生态绿道、海域水道、生物迁徙通道等相连，并与外海相通，最终形成"四环连通护生态，三江三湾润甬城"的生态空间格局（图12-10）。

二、优化"沿江滨海临岛拥湾"的城镇空间格局

在过去十多年里，宁波市经历了城镇化的快速发展，经济总量有了长足进步。但整体而言，宁波市与上海、深圳、杭州、南京等核心城市相比，转型的速度慢了，差距有进一步拉大的趋势。尤其是当下全球格局不断变化，科技创新日新月异，宁波市正处在转型的十字路口，机遇与挑战共存，城市发展不进则退。面向未来发展，宁波市应在新时代新的发展理念指引下促进城市经济的转型升级、促进城市环境的品质提高，使宁波市尽快进入全国城市发展的第一方阵。就海岸带区域而言，重点发展以杭州湾新区为核心的北部环杭

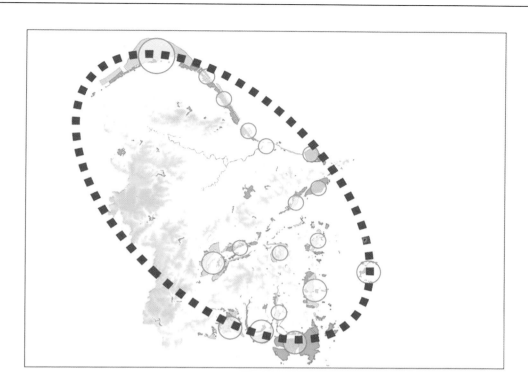

图 12-9　宁波市外环生态屏障

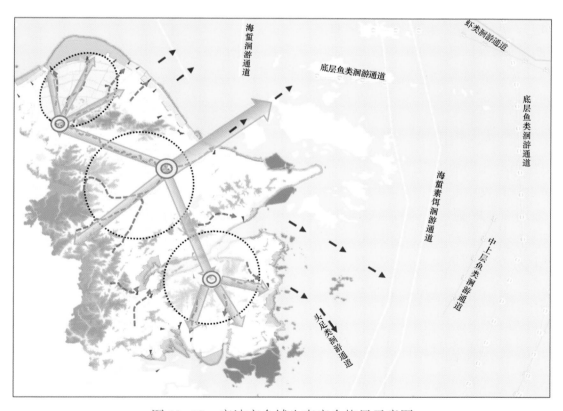

图 12-10　宁波市全域生态安全格局示意图

州湾区域和以梅山岛为核心的南部"一带一路"综合试验区。

大力开展北部环杭州湾滨海新城区建设：地理上杭州湾呈现南淤北刷的特点，南岸的萧山、绍兴、慈溪一直有围垦的传统，经过几十年的围垦，新增了不少土地。过去是滩涂和农场，人口密度较低，城建处于起步阶段。宁波北部海岸带区域是未来杭州湾大湾区建设的重点区域，曾经的宁波城市边缘、全省交通末梢，如今恰巧处于环杭州湾大湾区的几何中心。再加之日益完善的交通配套、雄厚的产业基础、澎湃的创新活力、先进的城市规划、灵活的机制体制，本区域未来会成为宁波乃至浙江谋划湾区经济发展的重要支点，打造为浙江省标志性、战略性改革开放大平台。

提振南部"一带一路"综合试验区建设：宁波市南翼经济带主要是指象山半岛涵盖的宁海、象山县两个区域，无论是交通网络建设的现状和已有规划，还是甬舟同城经济发展格局等，都存在南翼经济产业发展布局较弱、发展水平较低、发展后劲不足的问题。为提振南翼发展区带的经济活力，充分利用其较高的土地资源承载能力和开发潜力，发挥其在海洋经济发展、甬舟同城产业联动发展、大洋资源勘探开发等的枢纽集聚作用，建议在象山港湾口两岸，依托已有的梅山岛"'一带一路'国家级综合试验区"、象山港及临港高端制造业等产业园区、石浦港国家级中心渔港等资源和产业优势，建设面向"一带一路"和深海大洋的国家级"双向开放平台"和"军民融合发展示范区"。

1. "双向开放平台"的主要功能定位

(1)"一带一路"国家级综合试验区；
(2)国家级深远海资源集散和深度加工利用基地；
(3)军民融合海洋开发与管理东海-太平洋中心；
(4)国家深远海海工装备先进制造和研发基地。

2. "双向开放平台"的空间布局

以象山港北岸的梅山岛为"一带一路"开放中心，以象山港南岸至石浦港的滨海地带为深海大洋开发中心，中间以六横岛为节点，通过建设海铁联运铁路干线、象山港大桥、宁海-象山交通枢纽通道等增强双向开放的集疏运能力；通过建设海上通道，增强宁波和舟山在南翼的岛陆联动能力。最终形成"多级战略交汇区""双向开放区"和"军民融合发展示范区"的资源集聚、人才集聚、创新集聚、产业集聚带（图12-11）。

三、构建资源禀赋特色鲜明的农渔业空间格局

1. 陆域农业空间格局基本保持稳定

坚持农业生产基本方针，保护基本农田，严格控制各类建设开发项目挤占基本农田。建立基本农田动态监管平台，动态监测评估基本农田的使用状态和占用情况，及时发展及时纠正。引导农业生产向规模化发展，逐步发展农业规模化经营，走集团化发展模式，发

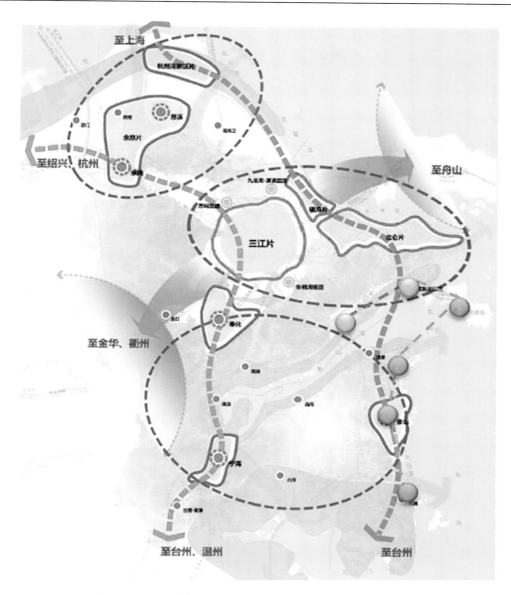

图 12-11　宁波市"双向开放平台"的规划布局示意图

展特色农业。区分农业空间和永久基本农田，根据生态和城镇空间格局的变化，调整沿海滩涂区域的农业空间格局。根据宁波市农田分布特点和区域地理结构，全市农业空间整体划分为北部余姚市和慈溪市的杭州湾农业生产圈、中部宁波市区西侧农业生产圈和南部三门湾农业生产圈。

2. 海洋渔业空间格局提质增效

保护水产养殖海域，根据渔业生产的资源环境基本要求，在近岸实施退养还滩、退养还湿、退养护湾，构建基于重大产业发展需求的养殖业退出机制。在远海大力发展深水养殖，建设现代化的海洋牧场，延伸渔业生产产业链，提升渔业生产的产品附加值，拓展海洋渔业深加工商品市场，使海洋渔业成为宁波市南部产业提升的重要增长极。加强保护天然渔业海域和"三场一通道"海域，维护海水种质资源保护区及其关键通道区的渔业生产功能，在天然渔场、海洋牧场分布区建立实时在线监管系统，维护渔业海域健康持续发展（图12-12）。

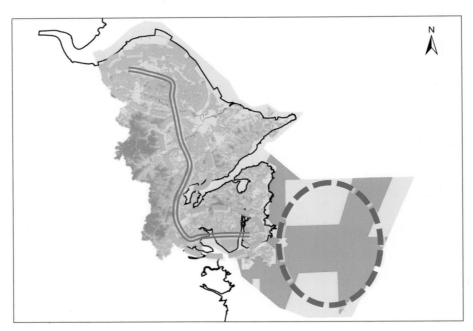

图12-12　宁波市农渔业空间格局

第十三章　宁波市海岸带陆海统筹综合管控策略

第一节　宁波市海岸带陆海统筹空间资源管控策略

在当前陆海统筹综合管理的总体形势下，宁波市海岸带空间管理不再以单一海岸线作为陆海分界管理的界线，而是遵循海岸带作为生态交错带（ecotone）的自然规律，对海岸线及两侧一定宽度的陆域和海域共同组成的过渡带实施基于生态系统的综合管控，并根据国际经验在生态岸带、生活岸带、生产岸带等分类设置岸线两侧的过渡带和缓冲区，以保护海岸自然生态空间功能。

生态岸带：海岸线向陆一侧，设置宽 100~1 000 m 的海岸建设退缩线，退缩线范围内禁止滩涂围垦或建设人工设施（特别是非透水构筑物）；海岸线向海一侧，设置−5 m 等深线以浅海域的海洋生态保护线，禁止开展滩涂围垦和浅海养殖。

生活岸带：海岸线向陆和向海两侧，在符合自然生态空间保护要求的前提下，允许采用生态工程措施建设一定规模的公众亲海基础设施，保障生活岸线的公共开放性。

生产岸带：坚持集约节约和生态化利用海岸线资源，占用自然生态空间的要因地适宜采取生态补偿措施，实施人工海堤的生态化改造工程，并坚守一定比例的生态空间。

在此基础上，依据宁波市海岸线综合利用适宜性评价分析结果，提出海岸带综合管控的战略格局建议如图 13-1 所示。

象山港生态岸带：以象山港内湿地、滩涂等生态资源保护为主，控制沿岸工业集聚规模，湾内及湾口大型工业和污染型港口码头适当外移，严格控制其造成的湾内生态环境污染。

三门湾生态岸带：以三门湾内滩涂等生态资源保护为主，控制沿岸工业集聚规模，湾内禁止建设污染型工业，严格控制湾内的生态环境。

宁波北部生活岸带：位于杭州湾、慈溪市和镇海区一带，应调整传统产业结构，积极发展高效、生态、外向型现代产业，加强环境保护和生态建设。

宁波东部生产岸带：位于北仑区、象山县东部一带，应大力发展以港口、物流、新能源、生态化工为特色的新兴产业，形成创新模式的循环经济，集约利用海岸线资源，并坚守一定比例的生态空间。

一、海岸空间集约节约和生态化利用

1. 已建围填海区分类处置，集约高效利用

根据中央和浙江省统一部署，开展已建围填海区现状调查，全面查明宁波市实际填海、

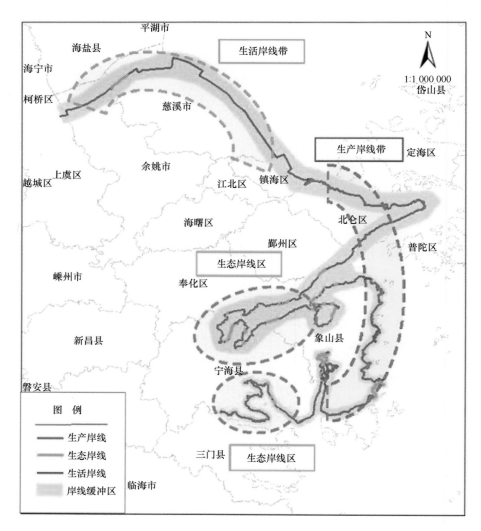

图 13-1　宁波市海岸线"两区两带"战略格局

围海情况，重点查明违法违规围填海和围而不填、填而不用的情况，摸清宁波市已围填海区的总体规模、空间分布和开发利用情况。组织开展围填海项目的用海后评价，评价已建围填海项目的经济效益、社会效益和资源环境影响。根据围填海项目用海后的评价结果，对已建围填海区域进行分类处置。

　　结合国家海洋督察和环保督察对宁波市的要求，对不符合绿色发展要求的违规违法围填海区域，提出整改、清退建议，腾出的围填海空间以发展蓝色经济为导向，进一步整理、盘活全市海岸空间资源。将无须清退的已建围填海区纳入全市土地资源储备供应体系一体化管理，以加快新旧动能接续转换为基础，根据国家产业结构调整指导目录和海洋产业发展政策要求，引导高效益、高产出、低污染的新动能产业项目集约节约利用，禁止高排放、高耗能、高污染的产业项目在已建围填海区布局。

　　强化已建围填海区空间资源的生态化利用。按照国家统一制定的涉海建设项目用海生态建设方案编制技术规范，结合宁波市海岸带资源环境和开发利用的实际，在已建围填海实施工程建设项目时，把生态海堤建设和升级改造、涉海工程生态化设计、工程施工生态措施等的有关要求贯穿于建设项目用海全过程，严格落实"自然岸线零损失""自然生态空间不减少、性质不改变、功能不退化"等要求，严格控制围填海项目用海的面积和占用岸线长度，以有限的海域资源消耗，谋求最大的经济效益和生态效益，全面提升海岸带空间资源的生态化利用水平。

2. 统一选划海域开发适宜区域，严格管控开发总量

目前，宁波市规划建设的土地指标所剩无几，指标购买困难，围垦造地的限制管理越来越严，镇海、杭州湾等区域已围垦的土地暂时难以用上，在严守耕地红线前提下，工业用地后备资源匮乏的形势十分严峻，仅靠新增用地根本无法弥补供需缺口。由于增量土地瓶颈制约，大量新产业、好项目无法找到合适的区块落地，长此以往，宁波市经济增长和结构调整的既定目标将难以实现。为了实现宁波市经济社会的永续发展，开发杭州湾、三门湾等淤涨性高涂是未来宁波市拓展发展空间的重要选项。

（1）统一规划淤涨性高涂开发备选区

选择淤涨明显的淤泥质滩涂区域，开展开发适宜性评价和集约用海规划，详细分析评价淤涨性滩涂区域开发对区域水动力、海洋泥沙冲淤过程的影响机制以及开发活动对滩涂湿地生态服务功能的影响机制，从中遴选出对水沙动力环境影响弱、湿地生态服务功能影响小的区域作为开发备选区。根据区域海岸基础空间格局及海洋资源环境承载力评价结果，以及集约用海管控要求，开展高涂开发备选区集约用海统一规划，主要关注围填海工程平面设计、围填海形成土地的功能布局和集约利用，提高高涂开发区域的整体资源利用的经济社会效益。

（2）采用离岸、离岛生态工程用海模式

研究适合宁波市海岸资源环境特点的离岸、离岛生态工程用海模式，包括海洋牧场用海模式、港口航运用海模式、旅游娱乐用海模式等。海洋牧场用海模式主要开辟宁波市韭山列岛、渔山列岛附近海域离岸低污染、高效益养殖模式，推动水产养殖—水产品深加工—海产品商品产业链延伸，提升海洋水产业附加值；港口航运可依托宁波市离岸的优质港址资源，探索创建离岸低污染生态型港口，提升港口航运用海的生态效益；旅游休闲娱乐用海优先开发离岸的海岛海洋旅游资源，依托离岸海岛，打造蓝色海湾、银色沙滩的高品位滨海旅游产品。

（3）做好海洋工程用海的生态补偿工作

加快推进用海、用岸的生态补偿，实施将海洋工程生态补偿与海域海岸带整治修复紧密结合，实现宁波市滨海湿地的占补平衡。建议采用海岸线生态化指数定期定量评价每个行政区域的海岸线生态化状况。这种海岸线生态化指数是一个区域海岸潮间带生态空间格局的定量化描述指标。一个区域海洋工程建设占用海岸潮间带生态空间，就会减少该区域的海岸线生态化指数，只有在海洋工程建设占用海岸潮间带生态空间的同时，在该区域毗邻海岸实施海岸潮间带生态空间整治修复，切实增加同样面积的潮间带生态空间，该区域

海岸线生态指数才能维持不降低。同时也可以采取其他多种方式的海洋生态补偿措施，包括改善海洋水环境质量、海洋生境优化、海洋物种增殖放流等。

二、实施三类空间精细化分类管控

根据生态空间、城镇空间、农渔业空间的不同功能用途，生态红线区和一般生态空间，城镇空间一级适宜区、二级适宜区、三级适宜区，基本农田、一般农田、渔业空间等具体的管控要求，以及各个功能区的资源环境承载力监测预警结果，分别制定具有针对性的3类8种功能空间的精细化管控措施。

生态空间。生态红线区：强化生态红线区动态监管，各类开发建设决不触碰生态红线，坚决取缔生态红线区已有的开发建设经营项目，逐步整治修复生态红线区恶化、破坏的资源环境；一般生态空间：强化一般生态空间监管工作，占用生态空间需开展详细的评估论证和生态补偿，保持生态空间的占补平衡。

城镇空间。城镇空间一级适宜区优先布置和聚集工业集中区、新型城镇，加强城镇空间的集约化利用指标管控，强化工业城镇空间的污染排放监管，实施污水循环利用和废弃物资源化再利用，达到工业城镇空间污废零排放；城镇空间二级适宜区作为工业区、城镇区的主要区域，强化空间资源集约节约利用，对于利用低效区域实施腾笼换鸟提升改造；城镇空间三级适宜区作为城镇空间的最低适宜区域，在空间资源不急需的情况下，可作为工业城镇建设的储备空间。

农渔业空间。基本农田，坚决保护基本农田空间，任何开发建设都不能随意占用基本农田。加强基本农田的动态监管，随时发现和查处占用基本农田的开发建设利用活动。维护基本农田的土地质量，防止各类人类活动污染、破坏基本农田的农业生产功能；一般农田，保护一般农田，开发建设确需占用一般农田的，必须落实耕地占补平衡，通过农业复垦、整治修复等多种形式增加一般农田面积，确保一般农田面积不减少、质量不降低；渔业空间，集约高效利用农渔业空间，建设现代化的规模化、集约化海洋牧场，降低水产品养殖的污染排放，维护渔业生产水环境质量。妥善处理农业围垦与水产养殖的管理，坚决制止随意改变用途的用海活动。同时加强渔业空间的环境监管与环境修复，使之成为高品质的渔业生产空间。

三、推进"多规合一"的陆海统筹机制建设

通过对宁波市相关部门及沿海地方政府的调研了解到，海岸线附近各个机关所依据的法律不同，职能重叠，规出多门；缺乏协调平台，缺乏统一的基础数据；不同规划类别的编制时期和规划期限不同，这都给规划协调衔接带来难度。最典型的是海洋与渔业部门管理的是从平均高潮线向海洋延伸的地域；原国土部门管理的是从平均低潮线向陆地延伸的地域。这便引发了海岸带管理的混乱。现实中有国土部门不知道某地的潮间带已经通过了海洋渔业部门的审批用于商业用途，海洋渔业部门有时候也不知道某地潮间带已经通过了国土部门的审批，造成了审批混乱不明。未被审批的潮间带权属纠纷得不到有效解决，责

任不清，行政效率低下。构建宁波海岸带海陆统筹、多规合一的空间管理体制，首先要明确管理主体及组织架构；然后在此基础上统筹归并现有的各种规划和区划，优化空间格局并给予法律效力，明确规划运行机制，合并现有空间数据系统，推进信息平台的建设。

为了实现陆海统筹和多规合一，重点需要开展以下工作。

1. 结合机构改革，明晰海岸带多规合一的管理实施主体

海岸带规划实施的难点和关键之处在于部门间的协调和综合。鉴于宁波海岸带范围内相关土地或海域的管辖主体的不同，依据的法规和政策的差异，从管理可行性角度出发，需加强行业"条条"和部门"块块"间的综合与协调，并作为实施多规融合的行政主体，这对于多规融合至关重要。结合宁波实际，建议结合机构改革，委托自然资源和规划局负责和牵头，形成由城市规划、环保、国土、交通等部门共同组建的海岸带管理委员会，编制海岸带规划，并组织实施与管理，负责拟定法规、政策、规划、协调重大开发利用活动、执行检查活动等，并用法律形式确立自然资源和规划局的海岸带管理委员会的地位与职责。抓住国家正在推进的国土空间规划改革试点机遇，推进规划管理机构的整合、规划权力运行的法制化建设，逐步推进规划"编制—实施—监督"的权力运行公正、透明及衔接顺畅，创新规划管理。

2. 确定区域顶层空间规划，统筹归并现有规划区划

开展先行试点，统筹协调滨海县市区国民经济和社会发展规划、城乡规划、土地利用总体规划和环境保护类规划，从规划体系、规划内容、技术标准、信息平台、协调机制和实施管理等方面理顺"涉海多规"之间的关系，加强海岸带"多规融合"顶层设计，在此基础上形成"多规合一"的顶层空间规划和多层级规划关系。有效统筹海岸带空间资源配置，优化海岸带功能布局，切实保护海岸带，提高政府行政效能，确保国家、省、市重要发展片区、重点发展项目顺利落地实施，保障滨海县市区的社会、经济、环境协调可持续发展。

3. 形成海岸带"多规合一"规划运行机制和信息技术体系

重点围绕建立规划基础数据信息平台、海岸带空间规划体系、海岸带水域功能区划分技术标准、海岸带空间布局规划期限、海岸带规划审批制度安排等问题，开展规划机构、规划事权、规划法律的创新。当前要务是通过机构改革，整合市属涉海横向规划职能机构与事权，建立"多规合一"的海岸带管理委员会及其议事决策责任机构。构建统一空间信息联动管理和业务协同平台，并开展海岸带综合利用的监测评估工作。

依托宁波市"多规合一"的推进，利用2~3年建立"一张图"，整合海岸带规划工作底图、管理审批协同信息系统、规划实施监督执法实时查询信息网络，推进海岸带多规合一信息系统建设。推进海岸带"四标"衔接。积极推进经济发展目标、土地使用指标、空间坐标、环境保护质量目标"四标"衔接，研究与这一体系对应的接口设计。运用地理信

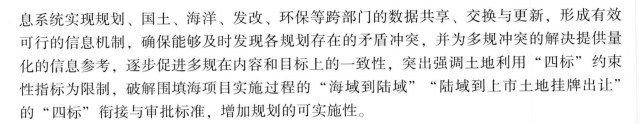

息系统实现规划、国土、海洋、发改、环保等跨部门的数据共享、交换与更新，形成有效可行的信息机制，确保能够及时发现各规划存在的矛盾冲突，并为多规冲突的解决提供量化的信息参考，逐步促进多规在内容和目标上的一致性，突出强调土地利用"四标"约束性指标为限制，破解围填海项目实施过程的"海域到陆域""陆域到上市土地挂牌出让"的"四标"衔接与审批标准，增加规划的可实施性。

4. 建议成立市海岸带空间规划专家组和执法工作组

专家组由规划、海洋、法律、经济、港航等方面的专家组成，负责海岸带综合利用问题的咨询与决策前期研究，以及海岸带某些地块利用争议裁定等海岸带规划与用地项目审批。该专家组受宁波市海洋经济与海岸带管理领导小组的委托，组织专家对宁波市有关海岸海洋规划、开发建设和管理执法方面的工作进行咨询和调研。整合宁波市涉海行政主管部门的执法队伍，明确行政管理主体和责任分工，建立海岸海洋综合执法队伍，充实和加强一线执法力量，依据海岸带管理条例和海域功能区划及有关法规组织、协调、指导、监督海岸海域资源开发和环境保护治理。

第二节 宁波市海岸带陆海统筹生态环境保护策略

当前宁波市海洋环境污染问题日益严峻，应探索研究海洋环境与陆域环境保护传承的互动关系，由海向陆深入探究海洋环境污染问题的根源，并由陆向海探索解决问题的路径与方法，从根源上解决海洋污染的问题，驱动陆海环境保护协同发展。

一、入海污染物总量控制：陆海统筹的排污管理分区及总量削减

在建立陆海环境污染空间联系的基础上，以海洋环境容量为前提条件，明确陆域环境污染减排目标，并落实到具体空间。通过对陆域环境污染管理单元的控制，将陆海统筹理念深入到海洋污染治理中的具体时间和探索。

1. 基于流域汇水区和近岸海域水质响应的排污管理分区

通过对宁波市海洋污染与陆域社会经济活动压力关系的分析，得出陆源污染物是以河流流域为单元汇集到入海口；工业生产与城镇生活产生的污染物主要通过排污口进入河流；农业生产产生的污染物主要通过降水形成的地表径流进入河流；入海河流整体以流域为边界汇聚所有支流的污染物通过河口进入海洋。因此，海洋环境治理的陆海统筹管理分区即统筹考虑污染物源头汇入流域—入海河口—影响海域三个部分，并由海向陆，通过集水区分析，划定陆域管理单元。在 ArcGIS 中建立 DEM 模型，界定陆域汇水边界线，将入海的各流域划分为多个子流域，子流域中划分为多个微流域，并根据汇水区范围确定各海洋管理单元所对应的陆域空间，划定宁波市海洋环境治理的陆海统筹管理分区，由海向陆实施陆海环境分区管理（图13-2）。

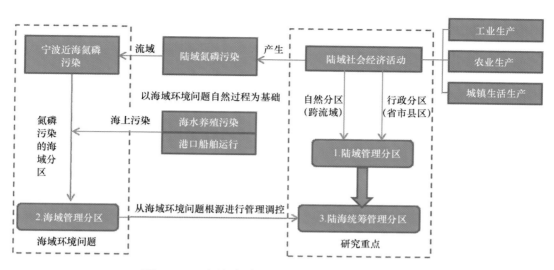

图 13-2　宁波市陆海污染物来源及管理分区

2. 基于近岸海域水质管理目标的流域污染减排任务分解机制

宁波市海洋环境污染治理的关键在于对陆域社会经济活动进行管理调控，仅仅是管理排污口及海上污染活动，很难遏制宁波市海洋环境持续恶化的趋势。因此，在新形势新背景下，应紧紧抓住陆海统筹契机，积极开展"从山顶到海洋"陆海一体化的环境污染综合治理。加快推进"源头-末端"的入海污染物总量控制制度和"以海定陆"的污染管理倒逼机制，从陆上源头治理，实行治海先治河，治河先治污，河海共治模式。应统筹考虑海洋环境管理控制目标与区域环境综合治理目标的关系，在对重点海域环境综合调查的基础上，细化各主要海域、主要港湾环境承载容量和水质管理目标，系统调查重点海域面源、点源等污染物入海总量及各类污染源贡献率，确定削减比例、削减总量等环境管理控制目标任务，将海域的环境控制目标"倒逼"到流域内各行政单元，主要污染物减排目标与陆域综合治理相结合，分区分级落实区域污染减排和环境整治任务，同时将"湾（滩）长制"与"河长制"有效衔接，开展河长、湾长轮岗制试点工作，落实沿海和上下游地方政府污染防治责任（图 13-3）。

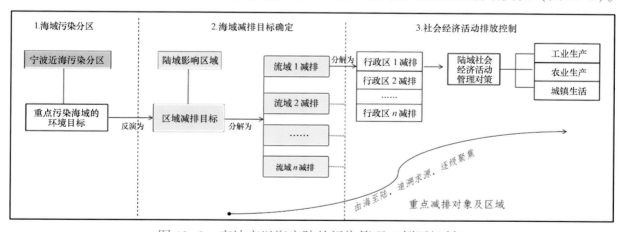

图 13-3　宁波市以海定陆的污染管理"倒逼机制"

二、陆海生态廊道的综合整治修复

基于宁波市陆海自然生态禀赋和陆海生态安全底线，以陆海生态功能重要性评价结果为依据，以海岸带空间基本功能分区结果为基础，重点强化陆域、海域及陆海间生态廊道的布局规划，以及公众亲海生态空间的建设，统筹兼顾杭州湾、三门湾、宁波-舟山海域等的跨界生态联系，充分利用河流水系作为陆海生态系统生态要素流动的载体作用，从构建完整生态系统角度出发，建立水系—湿地—近岸海域之间的绿色廊道，并充分发挥城市绿道的生态连通功能，积极开展河流干道、交通干道与生态廊道共建，将"山体—河流—湿地"廊道向海延伸，打通"海滨—海上—海岛"的"链珠式"廊道，最终建立"山顶到湿地及海洋"的全过程、一体化生态网络格局，实现"提升生态品质和服务功能、增强生态活力和弹性力，构筑全域生态安全屏障"的生态管控与建设目标（图13-4）。

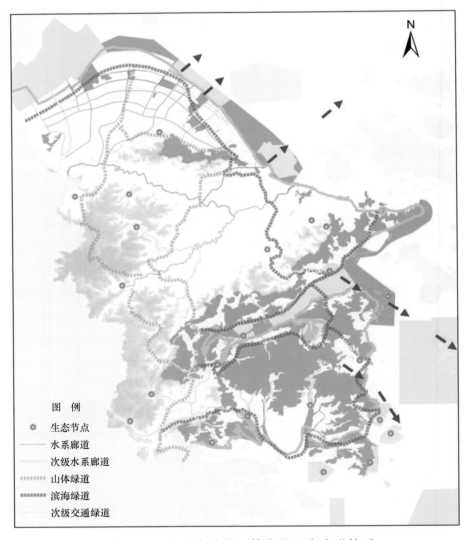

图 13-4　宁波市陆海一体化的生态廊道体系

1. 杭州湾南岸——快速淤涨型滩涂及重要湿地保护型生态空间

杭州湾南岸拥有浙江省最大的滩涂湿地，拥有重要湿地保护型生态空间，是浙江省水鸟分布最集中的区域，同时也是东亚-澳大利亚水鸟迁飞路线（EAAF）上一个重要的停歇地和越冬地。其又是重要的河口生态区，是两种水生生态系统的过渡区，其近岸海域是中国鲎、花鳗鲡、姥鲨等保护物种集中分布区。区域整体以五磊山山脉和东海杭州湾为生态屏障，以纵横交错的河流水系为脉络，以沿海、河岸、道路两侧林地为廊道，连通陆地—湿地—海洋生态系统，构成杭州湾南岸区域生态空间网络。

从保障生态安全格局和维持生态系统稳定的角度考虑，该区域水系网络的建设和滨海湿地的保护至关重要，应结合杭州湾滨海地区的功能布局以及原有场地机理构建若干条调整和生态建设型水系廊道，采取林草护岸进行河道整治，强调水系的沟通与畅通，保持河口区的咸淡水量，保证生物洄游产卵环境稳定；以五磊山区域为核心，增加杭州湾区域公园绿地建设，补充宁波南翼郊野公园组团体系。同时，通过滨海生态通道建设工程，将滨海路道建成集交通运输、生态保护、景观欣赏和休闲游憩等复合功能于一体的生态廊道，并通过各类廊道建设串联区域生态保护网络中的关键节点。在项目建设过程中，建议采用绿色施工方法，减少生态占用，加强临时生态损失修复，保障野生动物自由迁徙和水系的完整性。

2. 象山港沿岸——基本稳定型岸滩及全域生态空间

象山港区域是全国物种多样性丰富区，具有重要和典型的海湾、海岛生态系统，承担着宁波市重要的景观保持、气候调节、水土保持功能，是宁波市重要的生态功能区。区域整体由外围山地生态屏障带和港内滨海生态缓冲带构成象山港基本带状生态格局，并以内陆河流水系为廊道，以滨海滩涂湿地、岛屿为节点将陆海两带进行联通，构建"山体—河流—湿地—海洋—海岛"完整的陆海生态网络，形成区域良性循环的生态体系。

象山港主要由湾外、湾中和湾顶三个区域构成，不同区域之间应以生态带分隔，自然生态特征各有特色，生态空间布局也应各有侧重。其中，湾顶区域主要侧重于"山体—河流—湿地"廊道的构建，加强滩涂岸线生态化整治修复工程，增强海岸生态屏障作用；湾中区域岛屿众多，除了要考虑以河流、林地为廊道连接滩涂湿地等重要节点外，还要向海延伸打通"海滨—海上—海岛"的"链珠式"廊道，构建类型多样、功能复合的区域性绿廊；湾外区域要加强沿海防护林、水系两侧缓冲林带、道路绿化及连通林带建设，结合湖泊、郊野公园、滨海湿地、农田鱼塘等生态节点，形成线性生态开敞空间，为野生动植物提供栖息地与迁徙通道，保障典型的海洋性生物进港索饵和繁殖场所稳定、洄游通道畅通，同时增强抵御台风、风暴潮的防灾减灾能力。

3. 三门湾沿岸——慢速淤涨型滩涂及生物迁徙重要生态空间

三门湾拥有优越的生态环境和丰富的海陆生态资源，整体应以"山脉、水系、海洋"

为依托，围绕"林、海、岛、滩"等自然要素，构建以天台山余脉为主的北部山体生态保育带和南部海洋生态经济带为主要脉络，以"滩、岛、湾"为重要生态节点，以"林地、水系、洄游通道"为绿色生态廊道，打通陆海生态界限，串联陆海生态系统，构建类型多样、互联互通的绿色生态空间网络。

应坚持"从山顶到湿地及海洋"的整体系统保护与生态修复理念，重点加强三门湾北部绿色山地生态保护带与滨海滩涂湿地重点区域（即分别为双盘-三山滩涂湿地、岳井洋港汊湿地、下洋涂滩涂湿地、大目湾滩涂湿地）及近海重要渔业用水区域和"三场一通道"之间的协调联动。加强山地原生生态系统的保护，维护水源涵养、水土保持、多样性保护的生态保障功能，营造乔灌混交的护岸林，划定湖河沿岸生态隔离区；加强以防护林为核心的海岸生态防护带建设，推动受损沿海生态防护林修复，发挥缓冲陆海交互作用、抵御海洋自然灾害的生态缓冲功能，形成以山体林地、郊野公园、江河水系、基塘农田、沿海防护林为基础，"源头到末端"的全过程、一体化的生态网络格局，充分保证区域陆海生态系统的完整性和功能联动性。

三、生态补偿机制创新

1. 自然岸线占补平衡制度

严格落实自然岸线保有率目标控制制度，建立自然岸线占补平衡制度，促进岸线资源科学配置与合理利用。占用自然岸线的按占 1 m 补 1.5 m 的比例进行修复整治，恢复岸线的自然和生态功能，探索建立先补后占机制。建立自然岸线台账，定期开展海岸线统计调查。

2. 生态账户与生态补偿制度

探索建立以生态积分作为生态系统服务价值评估的定量依据，以河口、海岛、滩涂湿地等典型海洋生态系统作为折算生态积分的定量实体，建立基于可交易生态积分的生态账户制度。探索完善生态积分与生态产品的价格形成机制，培育和发展海岸带生态产品交易。探索建立多元化海岸带生态补偿机制，逐步增加对重点生态功能区转移支付，完善生态保护成效与资金分配挂钩的激励约束机制。探索横向海岸带生态保护补偿机制和方法，开展海岸带生态保护补偿试点。遵循谁破坏谁赔偿的原则，建立海岸生态损害赔偿制度。

3. 滩涂湿地"零净损失"制度

积极探索实践"零净损失"制度在宁波市滩涂湿地保护上的应用。沿海滩涂的"零净损失"制度不仅包括面积的零净损失，也包括生态环境质量的零净损失。该项制度允许沿海滩涂开发，但需要提前准备好置换的滩涂并对置换与被置换滩涂进行全方位评估，因此，需建立与之配套的沿海滩涂置换补偿机制和置换滩涂生态环境质量评估与监测机制。一是置换之前需要对将要开发或置换的沿海滩涂生态环境状况进行评估。如果被开发或者置换的滩涂具有无法替代的生态功能，则禁止开发或者置换。二是置换之后，需要对新建造或淤涨的滩涂的生态环境状况进行评估，包括面积、生物多样性和生境稳定性等，确保沿海滩涂生态环境和服务功能不低于被置换的沿海滩涂。进而，确保"零净损失"制度对沿海滩涂生态环境的保护。

第三节　宁波市海岸带陆海资源互补发展策略

宁波市海岸带主要陆海资源包括区位条件优越的港址资源、丰富多样的海洋渔业资源、奇趣妙生的滨海旅游资源。这些海岸带资源多是依陆临海，陆海共生，因此需要陆海统筹综合保护，互补发展。

一、港城资源协同互补策略研究

宁波-舟山港是全国乃至全球货物吞吐量第一大港，承担了长江经济带45%的铁矿石、90%以上的油品中转量、1/3的国际航线集装箱运输量，以及全国约40%的油品、30%的铁矿石、20%的煤炭储备量，是全国重要的大宗商品储运基地。与此同时，宁波市目前最大的问题是港城联系不紧密。目前，宁波市的临港区域仍处于工业化中期阶段，重化工业得到了发展，港城工业体系初具规模。在今后的后工业化发展阶段，港城需要面向海洋和内陆腹地拓展影响力，逐步做大做强临港产业，并向港口型商贸中心、金融中心、信息中心和旅游中心发展，逐步趋向综合化和一体化。

1. 宁波市港口城市产业结构调整与优化途径

宁波市在港城现代化建设进程中具有深水岸线、综合经济实力、交通枢纽、外向型经济和港口物流优势，但宁波市临港工业规模效益不够，产业布局的有机联系不强，港口工业与市域内制造业联系不紧密，港城一体化综合竞争力有待进一步提高。根据国际港口型城市现代化进程中产业结构、港口工业及港口管理体制的演化特点，今后宁波港口发展存在船舶大型化、功能多元化、经营管理权多元化的趋势。港口经济将会从物流服务、临港工业向区域性、全球性综合港口物流枢纽中心方向发展。

2017年交通运输部、浙江省人民政府正式批复了《宁波-舟山港总体规划（2014—2030年）》，对港口功能定位、港区发展布局、港口水陆域布置等方面做了规划。作为全球首个货物吞吐量突破10亿t的大港，它的未来关系到宁波的可持续发展。宁波-舟山港是我国沿海主要港口和国家综合运输体系的重要枢纽，规划期内重点发展大宗能源、原材料中转运输和集装箱干线运输，积极发展现代物流、航运服务、临港产业、保税贸易、战略储备、旅游客运等功能，将宁波-舟山港发展成为布局合理、能力充分、功能完善、安全绿色、港城协调的现代化综合性港口。

港口物流具有集散效应，促进经济发展增长极的形成。港口物流在一定区域的发展，往往会促使众多企业在此聚集，使得生产要素转移到港口所在地及其周围区域内，形成一定范围内的临港工业园区，成为腹地经济发展的新的增长点。港口物流的发展则对交通运输条件有着较强的依赖性，公铁联运、海铁联运、水水联运以及江海联运等多式联运的出现和发展为港口发展综合物流体系提供了动力，同时也扩展了物流发展的空间范围，与更多城市在贸易往来上发生联系，为构建先进的信息交流平台、完善齐备的运输网络发挥着重要作用。

2. 宁波港城空间资源优化调整与合理布局

宁波是土地、岸线资源稀缺的港口城市，迫切在探究港口与城市协同发展的规律或机理的基础上，明确海岸带土地及岸线资源的开发利用方式。港口物流与腹地经济之间的协同发展是区域经济和社会发展的客观需求，也是提升港口竞争力的重要途径。在各个发展阶段有着不同的特征，只有两者协同发展，才能促进港城融合，共享发展成果。

目前，宁波处于港口城市发展的成熟期-后成熟期，后期建设与城市发展密切相关，未来必须进一步优化港城空间布局，推进减量提质，两退两聚（图 13-5）。两退：一是退出生态地区，强化生态保护；二是退出低效工业用地，腾笼换鸟。两聚：一是聚集产业基地，作为承载宁波市未来战略性产业的平台；二是聚集产业社区，作为都市工业和创新研发为主要功能的平台。宁波市远景发展目标宜定于顺沿海发展之势、扬岸线港口资源之长，大胆创新、着力发展，到 2049 年将宁波海岸带建设成为空间结构有序、海洋经济实力雄厚、人居环境优越、管理高效的海洋性城镇密集带。

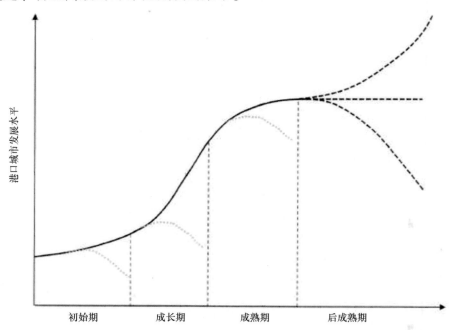

图 13-5　港口城市生命周期演化规律

二、推进海洋渔业产业发展的供给侧改革

1. 近海渔业资源保护

加强海洋牧场建设，重视渔业资源养护和生态修复，严格执行休渔制度。开展海岸线、海岛整治修复。推进韭山列岛海洋生态自然保护区、渔山列岛海洋特别保护区、花岙岛国家级海洋公园的规范化建设。做好象山港蓝点马鲛鱼种质资源保护区建设，在韭山列岛产卵场保护区和渔山列岛产卵场保护区实施特别保护期制度。加强渔山列岛国家级海洋牧场示范区、人工渔礁与贝藻场建设，积极开展增殖放流，研发智能化投喂、人工鱼礁建设等关键技术攻关。

结合《浙江省水生生物增殖放流实施方案（2018—2020年）》，在韭山列岛、渔山列岛，主要放流大黄鱼、石斑鱼、曼氏无针乌贼、日本对虾、三疣梭子蟹、锯缘青蟹、毛蚶、厚壳贻贝等种类，促进放流海域生态净水、种群修复和渔民增收。海洋保护区和水产种质资源保护区主要放流保护区保护种类，促进保护区内生态修复和保护种类种群恢复。海洋牧场区及周边海域主要放流曼氏无针乌贼、石斑鱼、条石鲷、黑鲷、黄鳍鲷等恋礁性鱼类等，促进海洋牧场区生态修复和资源增殖。

推进减能，综合运用减船转产、退捕上岸、规范网具、休渔禁渔、打击非法捕捞等措施，控制海洋捕捞强度。渔业转型升级渔业生产成本补贴、渔民减船转产和养老保障工作堵疏结合。鼓励渔民参与海洋牧场建设，同时提高自身竞争力，开展休闲渔业，特色渔家乐等多种经营活动。

2. 加快远洋渔业发展

（1）扶持远洋渔业企业发展

鼓励和引导远洋渔业企业加强自身能力建设，鼓励企业间开展生产组织、渔获销售、后勤补给等方面的合作，增强企业协作发展能力。鼓励远洋渔业企业通过兼并、重组、收购、控股等方式组建大型远洋渔业企业集团，培育集远洋捕捞、水产品加工、冷链物流、销售等于一体的全产业链领军企业。扶持远洋渔业龙头企业培育自主品牌，支持符合条件的龙头企业上市。

（2）加快国内外远洋渔业基地建设

鼓励有条件的企业在主要作业海域的沿岸国和地区建立海外远洋渔业基地，建设码头、冷库、加工车间及海外养殖基地等基础设施，完善生产配套服务设施，为远洋船队提供综合服务。充分发挥海峡两岸渔业合作示范区的作用，加快建设集采购交易、冷链物流、远洋捕捞服务、加工配送、信息集成、质量安全检测等为一体的现代化国际水产物流交易平台，进一步加强宁波市与沿海沿岸国家和地区的交流与合作，完善宁波市远洋渔业产业链，发挥产业联动效应。

（3）加快远洋渔船更新建造

在符合国际渔业管理规则并具有捕捞配额的前提下，鼓励建造或购买超低温金枪鱼延绳钓船、金枪鱼围网船、大型拖网加工船、大型专业鱿鱼钓船、专业秋刀鱼渔船及冷藏运输船等，增强远洋渔业资源开发能力。以"安全、环保、高效、节能、适居"为目标，加快推进现有远洋渔船的更新改造，加快船用设备的升级换代。鼓励符合条件的国内渔船经改造后从事远洋渔业。

（4）鼓励远洋资源探捕开发

积极推进大洋性后备渔场开发和探捕，支持促进国内捕捞力量转移到过洋性渔场开发。鼓励应用新的科技手段、设备和方法开展远洋渔场和鱼种探捕项目，建设远洋探捕信息数据库，建立远洋渔场、渔情预报机制，为远洋渔业产业提供公共资源信息服务，有效拓展发展空间。鼓励和引导远洋捕捞自捕鱼产品运回宁波加工销售。

（5）加强远洋渔业专业人才培养

支持相关培训机构，加强对远洋渔业通用专业人才的培养，造就一批适应现代远洋渔业发展要求的经营管理人员和技术人才。充分发挥企业在培训人才中的主体作用，鼓励和支持企业足额筹措职工教育经费，培养远洋渔业人才队伍。

（6）强化远洋渔业安全生产管理

建立健全远洋渔业安全生产责任制，落实远洋渔业企业安全生产主体责任和船东、船长责任。加强安全管理体系建设，提高安全风险防控能力。建立健全远洋渔业安全救助体系，提高事故应急处置能力。完善远洋渔业保险制度，提高风险规避和化解能力。

3. 延长渔业产业链

孙琛等（2012）将水产品以捕捞和养殖为基础的两种不同形式，分为捕捞水产品价值链和养殖水产品价值链。捕捞水产品价值链系统应包括捕捞作业、登陆卸货、初级加工、二次加工、批发、零售及最终到达消费者的过程。而养殖水产品价值链是以养殖环节为基础，也包括了对产品形成期间的上游辅助环节，如苗种供应、疾病防治、养殖设备，以及对养殖产品的加工、运输、销售的下游辅助环节。而另一方面，水产品可以在不经加工或在加工的任一环节成为最终消费品，邓云锋和韩立民把渔业价值链定义为养殖业、捕捞业和加工业三类价值链。

而在对渔业现状调查结果发现，流通价值链中不同环节的价值增值呈 U 形态势，战略规划、营销品牌、新技术开发、物流这些环节位于 U 形价值链的高端；加工环节次之；生产环节位于最底端。针对水产品养殖渔户、批发商和零售商主体的分摊成本及价值增值的分析表明，养殖户的分摊成本最大，但是价值增值最小。

目前宁波渔业仍处于产品捕捞养殖—销售的初级阶段，水产品加工、鱼苗鱼种服务等未形成规模化产业。结合宁波市实际，在深化渔业结构调整、突出绿色发展的前提下，应做好以下工作。

（1）优化品种结构，发展特色品种；优化养殖模式，培育新型养殖主体。打造科技创新服务平台，健全以企业为主体、市场为导向、产学研相结合的技术创新体系。加强科研项目攻关和病害防治研究，重点开展绿色水产养殖、养殖尾水清洁化处理。抓好原良种场建设与良种培育推广，保障水产种苗有效供给、提升种苗产业市场竞争力。加强先进科技成果的转化应用，强化基层水产技术推广能力建设，实施"渔业科技入户示范工程"，建立渔业科技入户长效机制。

（2）发展一二三产业融合，延长渔业产业链，提高产品附加值。促进水产品初加工、精深加工和综合利用加工协调发展，巩固水产品出口优势地位。创新水产市场流通体系、组织体系和经营方式，鼓励发展各种新型营销方式，推动水产养殖、流通、加工、储运、销售等环节的互联网化。以鱼治水，放鱼美景，吃鱼健身，养鱼富民，推动"小鱼"跳出池塘，与"山水林田湖"组成生命共同体，提升产业竞争力和可持续发展能力。

将江北区水产品交易市场打造为宁波市远洋渔业的中心，在快速检测中心、天然海水集中供给系统、集中供氧系统等基础上，大力发展冷链物流、海产品加工。充分利用宁波铁路、公路交通枢纽的区位优势，将宁波海产品辐射长江三角洲，远销内陆。使江北区成为以水产品精深加工、海洋生物医药、电子商务、海洋公园和渔文化特色创意街区等为特色的渔港经济区。

宁海县要充分发挥"赶小海、捕小鱼"的特点，依托强蛟镇丰富的旅游资源优势，大力扶持海洋休闲旅游服务产业，积极帮助失海渔民从传统捕捞渔业向休闲旅游渔业发展，有效解决失海渔民上岸后的生计与就业问题，推动宁海县海洋渔业观光休闲旅游产业发展。

进一步规范象山港休闲渔业管理，构建休闲渔业工作支撑体系，加快"特色渔村"的培育与建设，积极创建部级、省级休闲渔业精品基地，培育休闲渔业创新经营主体。象山港区作为舟山远洋渔业基地的后端产业，一方面连接海陆通道，另外一方面开展高新技术精深加工及海洋医药。

（3）加强国际合作，开展科技交流、双边磋商和执法检查，树立负责任渔业大国形象。抓住宁波-舟山江海联运中心和国际交易平台的有利契机，实现渔业资源的产销一体，大力发展标准集装箱冷链，将海产品出口范围扩展至全球。

三、加强陆海旅游资源的一体化开发利用

1. 陆-海-岛联动

目前，宁波在长三角都市圈旅游经济网络中的定位是重要旅游目的地和旅游通道，与南京、上海同处于结构对等性分析三个核心之一，但在核心-边缘模型分析中处于边缘位置，具有较高的中心性和网络核心度。对低等级与高等级旅游地之间连接起到重要的承转作用，对旅游地之间国内游经济联系的介入机会多。

作为宁波市主要滨海旅游资源，尤其是较为重要的海岛旅游资源的渔山列岛、韭山列岛两大岛群及舟山诸岛的交通辐射度较低。

应大力提升交通对旅游的拉动力量，充分发挥象山港湾和象山半岛黄金海岸资源优势，

推进中国·浙江海洋运动中心（亚帆中心）项目建设。打造条件完备、设施齐全、功能完善的国际海洋运动中心和海洋运动特色小镇。强化象山港湾辐射功能，发展休闲度假、海岛探险、海鲜品尝、海涂观光、海岛运动等项目。共塑旅游品牌，共享入境客源，出台惠民措施，推动客源互送，支持金三角地区互建分支机构，实现跨区域深度联动合作。

2. 发展特色休闲渔业

奉化区翡翠湾，建有游客集散中心、休闲渔船码头、海鲜大排档、商业楼、海水冲浪乐园等，拥有休闲渔船，提供宁波湾观光、蟹笼捕捞、海上大餐等特色休闲旅游项目。

裘村镇马头村孟岙农家乐，水陆交通便捷。该农家乐依托象山港畔优美的自然环境，集横江湿地与滨海风景于一体，以"休闲带动餐饮、餐饮促进休闲渔业发展"为目标，以"尝象山港小海鲜、游休闲渔业基地"为主要特征，为游客提供特色餐饮、垂钓自烹、登山、农家采摘、捕捉体验、亲子活动等特色休闲旅游项目。

在韭山列岛、渔山列岛海洋牧场开展海洋休闲渔业（海洋牧场负责管理维护作业渔民转岗再就业或者兼职）海上观光垂钓，结合保护区和海洋牧场进行海洋科普参观。

象山石浦古城挖掘海防文化、渔家民俗风情、渔商文化等先民留给石浦的宝贵财富，三种文化在这里被赋予崭新的旅游文化价值。不拘泥于历史，也不拘泥于石浦，这是渔港古城的美丽所在。各具特色的 14 个景点分布在古城主要街道，都被赋予了新的寓意。

3. 发展精品高端旅游

将宁波市发展成高端海洋度假胜地。加快推进中国渔村二期、半边山旅游度假区、檀头山岛、花岙岛、渔山国际海钓基地等项目建设，重点发展渔村文化、海岛民宿、休闲海钓、海洋牧场捕捞、海上餐饮、海上婚庆等深度体验式海洋旅游产品。加快建设杭州湾滨海主题公园集群、象山亚帆中心、梅山国际邮轮母港、象山港游艇基地等高端海洋旅游产品，积极融入长三角邮轮旅游目的地。全面启动梅山国际邮轮母港建设，培育形成三个游艇基地，成功进入长三角"江海联程""多点挂靠"邮轮旅游产品体系。

4. "海清"指数亲海旅游

结合悬浮物监测观察，在备选时间和备选区域，试验性开展"海清"指数预报，提供良好的亲水体验。发展山水生态旅游，以生态环境优化、产业转型提质、人文魅力彰显为目标，以山水生态观光为基础，发展一批环境友好型度假和专项旅游产品。

5. 发掘工业旅游新蓝海

充分发挥宁波市工业基础条件好、知名品牌多的优势，引导工业旅游示范基地进一步完善设施、优化服务，新建一批工业遗产旅游基地和工业旅游博物馆，打造一批工业旅游精品线路。加快发展户外活动用品和邮轮游艇、大型游船、旅游房车、旅游小飞机、景区索道、游乐设施等旅游装备制造业。

第四节　宁波市陆-海-岛多式交通联运策略

宁波市交通联运建设应以港口发展为重点，统筹陆海交通基础设施建设，合理确定用地用海和岸线规模，把港口设施、海运通道与公路、铁路等布局建设有机衔接起来。结合《宁波市城市总体规划（2006—2020年）》《宁波市重点工业聚集区规划》《宁波-舟山港总体规划（2014—2030年）》等相关规划，在《宁波市"十三五"综合交通发展规划（2015—2020年）》基础上，增加"两心一线"规划，完善区域大交通网络。

1. 水陆联运物流中心

宁波是国家沿长江综合运输通道的主要出海口，向西连接杭州都市区和沿长江的九省二市；向东协同舟山，是宁波融入长江经济带建设，参与国家海陆统筹、双向开放，衔接新亚欧大陆桥的主要通道。在镇海区建设"水陆联运物流中心"，搭建水路、铁路和公路的物流转运中心，同时可与空运和海运互联互通，提升交通物流网络新发展动力，主要服务杭州湾南岸智能制造产业发展及宁波市副中心建设。

2. 海陆联运物流中心

以宁波-舟山港为枢纽，建设"海陆联运物流中心"，搭建铁路、公路和空运的物流转运中心，充分利用枢纽区位优势，完善对外运输通道和综合交通网络，积极参与国家"一带一路"、长江经济带和自贸区战略，打造"一带一路"倡议支点。发挥多式联运优势，推进港航物流服务中心建设，打造具有国际影响力的港口经济圈，增强对外辐射能力。

3. 港铁联运线

重点抓好"港铁联运"交通基础设施和智慧支撑系统建设，争取申报海铁联运的国家级综合试验区。北起"海陆联运物流中心"与其铁路网络互联互通，跨过象山港，贯穿《宁波东部滨海组团总体规划》《象山东部产业聚集区规划》和《三门湾区域发展规划》等，西至三门县铁路相连接。可实现宁波市东西部重点工业聚集区与铁路、海运和空运等的联运，并为提振南翼海洋经济带和甬舟同城发展带的经济活力奠定坚实基础。

第五节　宁波市海岸带"一区一策"空间综合管控策略

考虑区域内自然特征、生态环境、生态系统的整体空间分异状况，依据滩涂湿地分布、珍稀濒危物种分布及海洋生物"三场一通道"情况，结合水交换能力、潮汐变化及河流汇聚、绿地分布等多项要素，参考陆地和海洋生态保护红线，最终将宁波市海岸带划分为14个生态子区，为后续"一区一策"空间管控策略研究提供评价单元（图13-6、表13-1）。

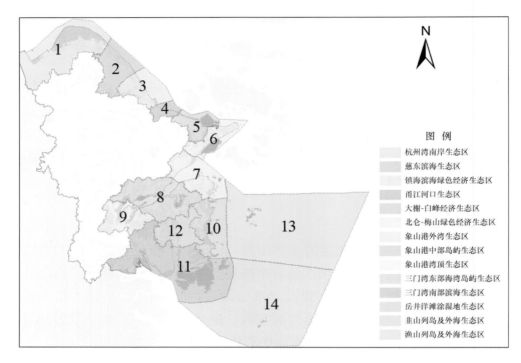

图 13-6　宁波市陆海生态分区

表 13-1　宁波市海岸带生态分区一览表

序号	生态分区名称	禀赋特征
1	杭州湾南岸生态区	杭州湾南岸拥有浙江省最大的滩涂湿地，是浙江省水鸟分布最集中的区域，同时也是东亚-澳大利西亚水鸟迁飞路线（EAAF）上一个重要的停歇地和越冬地，其近岸海域是中国鲎、花鳗鲡、姥鲨等保护物种集中分布区
2	慈东滨海生态区	包含重要的湿地保留区且是海蜇等海洋生物重要的洄游产卵区
3	镇海滨海绿色经济生态区	区内拥有河口海岸湿地，其近海是长吻角鲨易危物种的主要分布区域
4	甬江河口生态区	甬江入海口，拥有重要河口生态系统
5	大榭-白峰经济生态区	区内拥有册子水道、金塘水道、螺头水道等众多水道，是与外海相连的重要通道，同时也是生物洄游通道
6	北仑-梅山经济生态区	区内森林覆盖率较高，有九峰山森林景区和瑞岩寺森林公园以及明月湖湿地公园，沿海拥有自然基岩岸线和优良的深水岸线
7	象山港外湾生态区	该区为象山港湾口区域，水交换能力较强、潮流运动剧烈，受浙江沿岸流作用和长江冲淡水影响较为明显，东部通过牛鼻山水道与外海相通。区域内分布有大段粉砂淤泥质岸线，是重要滨海休闲区域和渔业用水区域

续表

序号	生态分区名称	禀赋特征
8	象山港中部岛屿生态区	相较外湾区而言，该区水动力较弱，水体交换周期延长、潮流运动变弱。区内森林覆盖率高，岛屿众多，岸线类型多样，拥有黄贤森林公园、海上长城森林公园等，包含南沙岛、缸片山、盘池山岛、桐南港、中央山岛、白石山岛等具有优美自然风光、生态环境等旅游资源海岛和特别保护海岛，是宁波市重要的滨海休闲旅游区，同时也是蓝点马鲛国家级水产种质资源保护区
9	象山港湾顶生态区	区内水交换能力周期最长，潮流速度减弱，铁港和黄墩港内港汊潮滩发育，滩涂湿地资源丰富，拥有数条独立入海河流
10	三门湾东部海湾岛屿生态区	区域内自然生态环境良好，拥有松兰山滨海旅游度假区，及众多海岛和小海湾、岸线类型丰富，包含基岩岸线和砂质岸线，是头足类、虾类等海洋生物的产卵场、洄游通道，渔业资源丰富，同时也是国家级濒危、易危物种集中分布区
11	三门湾南部滨海生态区	海域水体交换周期约1天，自净能力较强，有石浦水道与东海相通；区内自然生态环境良好，渔业资源丰富，拥有大量粉砂淤泥质岸线，分布着白溪等各类水源保护区和双盘-三山涂、浦坝港底港等滨海湿地保护区及红岩区域公园、桃花溪区域公园及花岙岛国家级海洋公园，是鸟类和珍稀生物迁徙的重要中转地和栖息地
12	岳井洋滩涂湿地生态区	该区湖光山色等自然景观资源十分丰富，港汊河汊发育、水草丛生，滩涂湿地和滨海野生生物资源丰富
13	韭山列岛及外海生态区	该区主要包括韭山列岛海洋生态自然保护区及外侧东带鱼国家级水产种质资源保护区、大黄鱼、曼氏无针乌贼等渔业资源的产卵场及苗种保护区，也是江豚较大种群分布区及黑嘴端凤头燕鸥、黄嘴白鹭、岩鹭、中白鹭和黑尾鸥等水鸟的繁殖和栖息地
14	渔山列岛及外海生态区	该区主要包括渔山列岛国家级海洋生态特别保护区及外侧重要渔业用水区域，是大黄鱼、小黄鱼、带鱼、曼氏无针乌贼四大鱼类产卵场、索饵场和洄游通道

根据各区功能定位及保护程度的不同，制定"一区一策"的差异化空间管控策略，提出各区空间开发建设行为准入条件、程度，明确准入负面清单，见表13-2。

表 13-2 "一区一策"空间管控策略建议汇总

序号	生态分区名称	核心管控目标	政策导向	管治（制）规则
1	杭州湾南岸生态区	严格保护河口生态系统和重要滩涂湿地；加强海水环境污染治理	大湾区建设的重点区域，宁波市北翼发展引领区，应协调好区域发展与生态保护之间的关系，积极探索占补平衡、零净损失等制度建设	严禁割裂陆海生态联系的建设活动，预留充足生态空间，建立生态廊道，完善区域生态网络格局，维护生物迁徙通道畅通性与完整性；严控排污口及入海河流污染排放；维护集中成片的基本农田保护区
2	慈东滨海生态区	维护沿海防护林系统和重要渔业通道、保护重要滩涂湿地；加强海水环境污染治理	大湾区建设的重点区域，应协调好区域发展与生态保护之间的关系，积极探索占补平衡、零净损失等制度建设	保留区内严格控制人为干扰。允许适度利用海洋资源。调整优化工业结构和布局，严控污染排放；维护生态系统完整性的生态廊道和隔离绿地、集中成片的基本农田保护区
3	镇海滨海绿色经济生态区	保护重要滩涂湿地，加强陆海协调发展，预防灾害风险	应协调好区域发展与生态保护之间的关系，积极探索占补平衡、零净损失等制度建设	调整优化工业结构和布局，积极发展河海联运，对区内石化高风险区进行实时动态监管，保障区域安全运行水平
4	甬江河口生态区	保护河口生态系统和重要河口湿地；加强海水环境污染治理	按照生态优先、绿色发展原则，严格保护河口生态系统，统筹协调陆海发展	禁止开展可能改变海域自然属性、破坏河口生态功能的开发活动；不得新增入海陆源工业直排口；加强对受损重要河口生态系统的综合整治与生态修复
5	大榭-白峰经济生态区	维护众多水道与外海之间的连通性；加强海水环境污染治理	港口重要枢纽区，长江流域重要的出海通道	严格管控港口航道清淤疏浚工程，合理选划倾倒区；禁止破坏区内水道形态、潮汐规律等工程建设；严格管控污染排放；加强绿色岸堤和沿海防护林建设
6	北仑-梅山经济生态区	保护自然岸线，合理开发利用深水岸线，保护重要生态功能区	宁波重要港口区、重要物资转运枢纽、自贸区	严格管控港口航道清淤疏浚工程，合理选划倾倒区；禁止破坏区内水道形态、潮汐规律等工程建设；严格管控污染排放；加强绿色岸堤和沿海防护林建设；加强区内重要生态功能区保护
7	象山港外湾生态区	保护重要渔业用水区域；保护自然岸线	生态优先、绿色发展，维护象山港整体生态环境	严禁开展可能改变海域自然属性、破坏水动力条件的开发建设活动；严格控制污染排放

续表

序号	生态分区名称	核心管控目标	政策导向	管治（制）规则
8	象山港中部岛屿生态区	保护重要海岛、重要渔业用水区、维护自然生态系统完整性	生态优先、绿色发展，维护象山港整体生态环境	严禁开展可能改变海域自然属性、破坏水动力条件的开发建设活动； 严格保护特殊海岛； 滨海旅游活动以不破坏自然生态为前提； 严格控制陆域和海上污染排放
9	象山港湾顶生态区	保护潮滩湿地；保护区内潮汐规律不被改变	生态优先、绿色发展，维护象山港整体生态环境	严禁开展可能改变海域自然属性、破坏水动力条件的开发建设活动； 严格控制陆域污染物排放
10	三门湾东部海湾岛屿生态区	合理利用滨海旅游资源、保护自然岸线和重要生物区域	生态优先、绿色发展，维护三门湾整体生态环境	严格保护自然岸线； 合理开发利用滨海旅游资源； 维护迁徙通道与洄游通道不受破坏
11	三门湾南部滨海生态区	保护重要水源涵养区和生物多样性丰富区；保护粉砂淤泥质海岸	生态优先、绿色发展，维护三门湾整体生态环境	严格保护自然岸线、重要滩涂湿地； 维护陆海生态系统完整性，确保生物迁徙廊道不被人为割裂； 合理开发滨海旅游资源； 严控陆域排污与海上污染
12	岳井洋滩涂湿地生态区	保护重要水源涵养区和重要滩涂湿地	生态优先、绿色发展，维护岳井洋整体生态环境	严禁开展可能改变海域自然属性、割裂陆海生态完整性的开发建设活动； 严控水源涵养区水质； 严控陆域排污和海上污染
13	韭山列岛及外海生态区	保护重要生物物种；维护重要生境；保护重要渔业用水	全面保护、禁止开发	其核心区和缓冲区严格按照保护区要求，禁止一切开发活动
14	渔山列岛及外海生态区	保护重要生物物种；维护重要生境；保护重要渔业用水	全面保护、禁止开发	其核心区和缓冲区严格按照保护区要求，禁止一切开发活动

参考文献

阿东. 1999. 海洋功能区划的意义和作用 [J]. 海洋开发与管理, 16 (3)：25-28.

曹卫东, 曹有挥, 吴威, 等. 2008. 县域尺度的空间主体功能区划分初探 [J]. 水土保持通报, 28 (2)：93-97.

陈吉余, 罗祖德, 胡辉. 1985. 2000 年我国海岸带资源开发的战略设想 [J]. 黄渤海海洋, 3 (1)：71-77.

陈吉余, 王宝灿, 虞志英. 1989. 中国海岸发育过程和演变规律 [M]. 上海：上海科学技术出版社.

邓云锋, 韩立民. 2005. 中国渔业的产业价值链分析 [J]. 海洋科学进展, (3)：385-389.

傅金龙. 2004. 海洋功能区划的理论与实践 [M]. 北京：海洋出版社.

高国力. 2006. 我国主体功能区划分理论与实践的初步思考 [J]. 宏观经济管理, (10)：43-46.

高国力. 2007. 我国主体功能区划分及其分类政策初步研究 [J]. 宏观经济研究, (4)：3-10.

高志强, 刘向阳, 宁吉才, 等. 2014. 基于遥感的近 30 年中国海岸线和围填海面积变化及成因分析 [J]. 农业工程学报, 30 (12)：140-147.

关道明, 阿东, 等. 2013. 全国海洋功能区划研究报告 [M]. 北京：海洋出版社.

何广顺, 王晓惠, 赵锐, 等. 2010. 海洋主体功能区划方法研究 [J]. 海洋通报, 29 (3)：334-341.

胡平香, 张鹰, 张进华. 2004. 基于主成分融合的盐田水体遥感分类研究 [J]. 河海大学学报（自然科学版）, 32 (5)：519-562.

李长义, 苗丰民. 2006. 辽宁海洋功能区划 [M]. 北京：海洋出版社.

林龙山. 2009. 东海区龙头鱼数量分布及其环境特征 [J]. 上海海洋大学学报, 018 (001)：66-71.

林绍花. 2006. 海洋功能区划适宜性评价模型研究 [D]. 青岛：中国海洋大学硕士毕业论文.

刘宝银, 苏奋振. 2005. 中国海岸带海岛遥感调查——原则、方法、系统 [M]. 北京：海洋出版社：24-28.

刘传明, 李伯华, 曾菊新. 2007. 主体功能区划若干问题探讨 [J]. 华中师范大学学报：自然科学版, 41 (4)：627-631.

刘纪远, 张增祥, 徐新良, 等. 2009. 21 世纪初中国土地利用变化的空间格局与驱动力分析 [J]. 地理学报, 64 (12)：1 411-1 420.

刘祥海, 俞金国. 2009. 大连市主体功能区划研究 [J]. 海洋开发与管理, 26 (4)：76-80.

刘莹, 刘康. 2008. 基于 RS 和 GIS 的韩城市国土主体功能区划 [J]. 陕西师范大学学报：自然科学版, (36)：114-116.

欧阳志云, 王效科, 苗鸿. 1999. 中国陆地生态系统服务功能及其生态经济价值的初步研究 [J]. 生态学报, 19 (5)：607-613.

彭建, 王仰麟, 刘松, 等. 2003. 海岸带土地持续利用景观生态评价 [J]. 地理学报, 58 (3)：363-371.

石刚. 2010. 我国主体功能区的划分与评价：基于承载力视角 [J]. 城市发展研究, (3)：43-50.

舒克盛. 2010. 基于相对资源承载力信息的主体功能区划分研究：以长江流域为例 [J]. 地域研究与开发, 29 (1)：33-37.

苏奋振. 2015. 海岸带遥感评估 [M]. 北京：科学出版社.

孙琛, 葛红云. 2012. 中国水产品竞争力分析 [J]. 西北农林科技大学学报（社会科学版）, 12 (006)：93-97.

索安宁, 孙永光, 林勇, 等. 2016. 景观生态学在海岸地区的研究进展 [J]. 生态学报, 36 (11)：3 167-3 175.

索安宁, 赵冬至, 葛剑平. 2009. 景观生态学在近海资源环境中的应用——论海洋景观生态学的发展 [J]. 生态学报, 29 (9)：5 098-5 104.

索安宁. 2017. 海岸空间开发遥感监测与评估［M］. 北京：科学出版社.

王江涛，刘百桥. 2011. 海洋功能区划控制体系研究［J］. 海洋通报，30（4）：371-376.

王佩儿，洪华生，张珞平. 2004. 试论以资源定位的海洋功能区划［J］. 厦门大学学报：自然科学版，43：206-209.

王权明，苗丰民，李淑媛. 2008. 国外海洋空间规划概况及我国海洋功能区划的借鉴［J］. 海洋开发与管理，25（9）：5-8.

魏清泉. 1994. 区划规划原理和方法［M］. 广州：中山大学出版社.

邬建国. 2000. 景观生态学：格局、过程、尺度与等级［M］. 北京：高等教育出版社：96-119.

吴涛，赵冬至，张丰收，等. 2011. 基于高分辨率遥感影像的大洋河河口湿地景观格局变化［J］. 应用生态学报，22（7）：1 833-1 840.

伍光和. 2002. 自然地理学［M］. 北京：高等教育出版社.

夏东兴. 2006. 海岸带与海岸线［J］. 海岸工程，25：13-20.

肖笃宁，布仁仓，李秀珍. 1997. 生态空间理论与景观异质性［J］. 生态学报，17（5）：453-460.

肖笃宁，钟林生. 1998. 景观分类的生态学原理与评估［J］. 应用生态学报，9（2）：217-221.

肖笃宁，解伏菊，魏建兵. 2004. 区域生态建设与景观生态学的使命［J］. 应用生态学报，15（10）：1 731-1 736.

谢高地，肖玉，鲁春霞. 2006. 生态系统服务研究：进展、局限和基本范式［J］. 植物生态学报，30（2）：191-199.

谢高地，甄霖，鲁春霞，等. 2008. 生态系统服务的供给、消费和价值化［J］. 资源科学，30（1）：49-58.

徐凉慧，李加林，李伟芳，等. 2014. 人类活动对海岸带资源环境的影响研究综述［J］. 南京师范大学学报（自然科学版），37（3）：124-131.

徐映雪，邵景力，杨文丰，等. 2006. 基于 RS 和 GIS 的鸭绿江口滨海湿地分类及变化［J］. 现代地质，20（3）：500-504.

许学工，彭慧芳，徐勤政. 2006. 海岸带快速城市化的土地资源冲突与协调——以山东半岛为例［J］. 北京大学学报（自然科学版），42（4）：527-533.

杨帆，赵冬至，索安宁. 2008. 双台子河口湿地景观时空变化研究［J］. 遥感技术与应用，23（1）：38-46.

杨世伦. 2003. 海岸环境和地貌过程导论［M］. 北京：海洋出版社.

杨伟民. 推进形成主体功能区优化国土开发格局［J］. 经济纵横，2008（5）：17-21.

杨文鹤. 2000. 中国海岛［M］. 北京：海洋出版社.

叶属峰，丁德文，王文华. 2005. 长江口大型工程与水体生境破碎化［J］. 生态学报，25（2）：268-272.

俞存根，陈全震，陈小庆，等. 2010. 舟山渔场及邻近海域鱼类种类组成和数量分布［J］. 海洋与湖沼，40（3）：410-417.

俞树彪，阳立军. 2009. 海洋区划与规划导论［M］. 北京：知识产权出版社.

恽才兴. 2005. 海岸带及近海卫星遥感综合应用技术［M］. 北京：海洋出版社.

张广海，李雪. 2007. 山东省主体功能区划分研究［J］. 地理与地理信息科学，23（4）：57-61.

张宏声. 2003. 全国海洋功能区划概要［M］. 北京：海洋出版社.

张莉，冯德显. 2007. 河南省主体功能区划分的主导因素研究［J］. 地域研究与开发，26（2）：30-34.

张耀光，胡宜鸣，高辛苹. 2000. 海岛人口容量与承载力的初步研究——以辽宁长山群岛为例［J］. 辽宁师范大学学报（自然科学版），4（1）：108-115.

章明奎. 2005. 农业非点源污染控制的最佳管理实践［J］. 浙江农业学报，17（5）：244-250.

赵亚莉，吴群，龙开胜. 2009. 基于模糊聚类的区域主体功能分区研究：以江苏省为例［J］. 水土保持通报，29（5）：127-130.

赵弈，吴彦明，孙中伟. 1990. 海岸带景观生态特征及其管理［J］. 应用生态学报，1（4）：373-377.

赵永江，董建国，张莉. 2007. 主体功能区规划指标体系研究：以河南省为例［J］. 地域研究与开发，26（6）：39-42.

周为峰. 2005. 基于遥感和 GIS 的密云水库上游土壤侵蚀定量估算［J］. 农业工程学报, 21（10）: 46-50.

朱传耿, 仇方道, 马晓冬, 等. 2007. 地域主体功能区划理论与方法的初步研究［J］. 地理科学, 27（2）: 136-141.

朱高儒, 董玉祥. 2009. 基于公里网格评价法的市域主体功能区划与调整: 以广州市为例［J］. 经济地理, 29（7）: 1 097-1 102.

朱坚真. 2008. 海洋区划与规划［M］. 北京: 海洋出版社: 92-93.

左其华, 窦希平, 段子冰. 2015. 我国海岸工程技术展望［J］. 海洋工程, 33（1）: 1-13.

Albrecht J. 2008. Guidelines for SEA in Marine Spatial Planning for the German Exclusive Economic Zone（EEZ）-with Special Consideration of Tiering Procedure for SEA and EIA. In Michael Schmidt, John Glasson, et al. Environmental Protection in the European Union: Standards and Thresholds for Impact Assessment, Volume 3, Part IIa: 157-170.

Alphen V. 1995. The Voordelta integrated policy plan: administrativeaspects of coastal zone management in the Netherlands［J］. Ocean &Coastal Management, 26（2）: 133-150.

Boyes S J. Elliott M, Shona M. 2007. A proposed multiple-use zoning scheme for the Irish Sea, interpretation of current legislation through the use of GIS-based zoning approaches and effectiveness for the protection of nature conservation interests［J］. Marine Policy, （31）: 287-298.

Christensen N L, Bartuska A M, Canpenter S, et al. 1996. The Report of the Ecological Society of America Committee on the Scientific Basis for Ecosystem Management［J］. Ecological Applications, 6（3）: 665-691.

Christensen S M, Tarp P, Hjorts C N. 2008. Mangrove forest management planning in coastal buffer and conservation zones, Vietnam: A multimethodological approach incorporating multiplestakeholders［J］. Ocean & Coastal Management, 51（10）: 712-726.

Cicin-Sain B. 1993. Introduction to the special issue on integrated coastal management: Concepts, issues and methods［J］. Ocean & Coastal Management, 21（1-3）: 1-9.

Cicin-Sain B, Knecht R W, D Jang, et al. 1998. Integrated coast land ocean management: Concepts and practices. Washington DC: Island Press.

Crowder L, Norse E. 2008. Essential ecological insights for marine ecosystem-based management and marine spatial planning［J］. Marine Policy, （32）: 772-778.

Curtin R, Prellezo R. 2010. Understanding marine ecosystem based management: A literature review［J］. Marine Policy, 34（5）: 821-830.

Dalton T, Thompson R, Jin D. 2010. Mapping human dimensions in marine spatial planning and management: An example from Narragansett Bay, Rhode Island［J］. Marine Policy, 34（2）: 309-319.

Dauvin J C, Lozachmeur O, Capet Y, et al. 2004. Legal tools for preserving France's natural heritage through integrated coastal zone management［J］. Ocean & Coastal Management, 47（9-10）: 463-477.

Davos C A. 1998. Sustaining co-operation for coastal sustainability［J］. Journal of Environmental Management, 52（4）: 379-387.

Day J. 2008. The need and practice of monitoring, evaluating and adapting marine planning and management-lessons from the Great Barrier Reef［J］. Marine Policy, 32（5）: 823-831.

Day V, Paxinos R, Emmett J, et al. 2008. The Marine Planning Framework for South Australia: A new ecosystem-based zoning policy for marine management［J］. Marine Policy, 32（4）: 535-543.

Diaz R J, Rosenberg R. 2008. Spreading Dead Zones and Consequences for Marine Ecosystems. Science, 321（5891）: 926-929.

Douvere F. 2008. The important of marine spatial planning in advancing ecosystem-based sea use management［J］. Marine Policy, 32（5）: 762-771.

Douvere F, Ehler C. 2007. International Workshop on Marine Spatial Planning, UNESCO, Paris 8-10 November 2006: A summary [J]. Marine Policy, 31 (4): 582-583.

Douvere F, Ehler C. 2009. New perspectives on sea use management: Initial findings from European experience with marine spatial planning [J]. Journal of Environmental Management, 90: 77-88.

Douvere F, Maes F, Vanhulle A, et al. 2007. The role of marine spatial planning in sea use management: The Belgian Case [J]. Marine Policy, 31 (2): 182-191.

Ehler C. 2008. Conclusions: Benefits, lessons learned, and future challenges of marine spatial planning [J]. Marine Policy, (32): 840-843.

Ehler C, Douvere F. 2009. Marine spatial planning: a step-by-step approach toward ecosystem-based management [M]. Pairs: Intergovernmental Oceanographic Commission: 35-36.

Ehler Charles, Fanny Douvere. 2010. 海洋看见规划——循序渐进走向生态系统管理 [M]. 何广顺, 李双建, 刘佳, 等译. 北京: 海洋出版社.

Flannery W. 2008. Cinnéide, Marine spatial planning from the perspective of a small seaside community in Ireland [J]. Marine Policy, 32 (6): 980-987.

Fock H O. 2008. Fisheries in the context of marine spatial planning: Defining principal areas for fisheries in the German EEZ [J]. Marine Policy, 32 (4): 728-739.

Foley M M, Halpern B S, Micheli F, et al. 2010. Guiding ecological principles for marine spatial planning [J]. Marine Policy, 34 (5): 955-966.

Gibson J. 2003. Integrated coastal zone management law in the European Union [J]. Coastal Management, 31 (2): 127-136.

Gilliland P M, Laffoley D. 2008. Key elements and steps in the process of developing ecosystem-based marine spatial planning [J]. Marine Policy, 32 (5): 787-796.

Goodhead T, Aygen Z. 2007. Heritage management plans and integrated coastal management [J]. Marine Policy, 31 (5): 607-610.

Halpern B S, Walbridge S, Selkoe K A, et al. 2008. A global map of human impact on marine ecosystems [J]. Science, 319 (5865): 948-952.

Hebbert M. 1997. Book reviews and notes: European Union spatial policyand planning [J]. Journal of Environmental Planning and Management, 40 (4): 539.

Hoegh-Guldberg O, Bruno J F. 2010. The Impact of Climate Change onthe World's Marine Ecosystem [J]. Science, 328 (5955): 1 523-1 528.

Hovik S, Stokke K B. 2007. Balancing aquaculture with other coastal interests: A study of regional planning as a tool for ICZM in Norway [J]. Ocean & Coastal Management, 50 (11-12): 887-904.

Matthew E, Watts A, Ball I R, et al. 2009. Marxan with Zones: Software for optimal conservationbased land and sea-use zoning [J]. Environmental Modelling & Software, (24): 1 513-1 521.

Portman M E. 2007. Zoning design for cross-border marine protected areas: The Red Sea Marine Peace Park case study [J]. Ocean & Coastal Management, (5): 499-522.

Val Day, Rosemary Paxinos, Jon Emmett, et al. 2008. The Marine Planning Framework for South Australia: new ecosystem-based zoning policy for marine management [J]. Marine Policy. (32): 535-543.